品牌活力

精品酒店装饰设计

品牌整合系统中的图形与空间

视典文化 编　　宋厚鹏 剧纯纯 译

華中科技大學出版社
http://www.hustp.com
中国 · 武汉

北京迪赛纳图书有限公司 策划

图书在版编目 (CIP) 数据

品牌活力：精品酒店装饰设计 / 视典文化编；宋厚鹏，剧纯纯译．—武汉：华中科技大学出版社，2017.9
ISBN 978-7-5680-3189-9

Ⅰ．①品… Ⅱ．①视… ②宋… ③剧… Ⅲ．①饭店－室内装饰设计 Ⅳ．①TU247.4

中国版本图书馆 CIP 数据核字 (2017) 第 174967 号

品牌活力：精品酒店装饰设计
PINPAI HUOLI: JINGPIN JIUDIAN ZHUANGSHI SHEJI

视典文化 编
宋厚鹏 剧纯纯 译

出版发行：华中科技大学出版社（中国 · 武汉） 电话：（027）81321913
武汉市东湖新技术开发区华工科技园 邮编：430223
出 版 人：阮海洪

责任编辑：刘锐桢
责任监印：秦英
责任校对：杨森 开卫菊
装帧设计：视典文化 袁家宁 刘杨

印 刷：深圳市精彩印联合印务有限公司
开 本：787 mm × 1092 mm 1/16
印 张：17.5
字 数：140 千字
版 次：2017 年 9 月第 1 版第 1 次印刷
定 价：248.00 元

華中出版

投稿热线：(010)64155588-8000
本书若有印装质量问题，请向出版社营销中心调换
全国免费服务热线：400-6679-118 竭诚为您服务

品牌活力

精品酒店装饰设计

品牌整合系统中的图形与空间

“酒店需要的不是设计，而是新的思想，不管它是对还是错。”

THINK ABOUT IT.
IT'S A NO-BRAINER.
GO AHEAD.
IF YOU'VE ALREADY
THOUGHT OF THIS,
THEN NEVER MIND.

…,staat 创意代理公司

约赫姆·雷哥斯特拉（Jochem Leegstra），创始人&创意总监

2017年，酒店设计为什么会成为艺术领域中极其吸引人的创作项目之一呢？我想，这无疑要归结于酒店设计所要表达的一种情感，因为当你的身心融入酒店的整体环境之时，你的内心会产生一种亲近之感，届时，你在这里不仅会感受到浓厚的服务热情，而且还会感受到舒心的生活气息。在酒店中，你往往看不到一丝虚幻的景象，并且其中的每一处细节，也都会深深触动你的心灵。事实上，这就是设计所赋予酒店的一种力量，即当你伴随设计的感染力融入酒店空间之时，你的身心也会与其形成一种强烈的共鸣。

能否爱上一个地方，在于你能否感觉到它的存在。每个地方都是地理环境的组成部分，是人类社会生存和发展永恒的、必要的条件。一个地方的存在性不仅局限于人口、风景和环境所组合而成的结构，而且在一定程度上还需要声音、光线和气氛等要素的烘托。

哪里是人们感觉最舒心和悠闲的地方呢？当然是“家”。“家”是每个人的生活起点，是最宝贵的活动空间，但这种属性并不意味着我们要把营造家庭式的环境作为酒店设计的原则。相反，我们一直在尝试打破这种传统观念的束缚，从而在实践和摸索中达到更大程度上的创新。

酒店设计是一门综合性学科，尽管这种说法听起来令人很厌烦，但事实的确如此。从多方面而论，艺术、音乐和服务是构成酒店生命体系的关键要素，并且它们能够以一种相互依存的形式和谐地融入既定的环境之中。一般来说，在为酒店进行设计之前，你首先需要在头脑中有一个清晰的思路，围绕心理层面来认真地思考你应当以怎样的形式进行创新。例如在人们踏进酒店之时，你计划为他们营造一个怎样的瞬间；当人们在酒店休息之后，你想让他们的身心有怎样的感觉；同时为了使酒店能够成为人们日后生活中的记忆，你打算刻画哪些细节来进一步加深他们对酒店的整体印象？

所以，我们在从事酒店设计的过程中，一定要将情感基调置于首位，因为设计只是创作的手段，它需要服从和服务于创作的内涵和表现效果。

酒店需要的不是设计，而是新的思想，不管它是对还是错。就像我喜欢去最流行的屋顶俱乐部一样，阿姆斯特丹古色古香的酒吧是我十分青睐的地方，虽然有些人认为那里的环境很传统，但我的情感效应使我无形中爱上了它。实际上，一个场所的装饰是否符合当今时代的风格，这一点并不重要，只要你是真心地喜欢它，即使它再朴素也无所谓。

如果你在酒店住上一个晚上、一个星期，或者说你只喝一杯茶，那么有时你就会感觉自己像是一个流放者。有些时候，酒店仿佛就像是一个超脱尘俗的地方，就好比在电子游戏中，游戏氛围所构成的想象空间，既不是你生活中的真实场景，也不是完全脱离现实的虚拟世界。而酒店所承载的内涵，往往就介于这两种概念之间。

假如你此时此刻正在外出旅游，可以试着回想一下：你目前入住的酒店是否与以往接触过的有所不同，你与朋友共享午餐的餐厅是否与其他地方有着天壤之别。如果你现在还没有灵感，不妨走进我们所提供的场景之中，从而在一系列具有特殊情调的环境里寻找答案。

当你翻开这本书时，或许你会从那些酒店装饰中找到一种感觉。如果你看完后仍对此毫无触动之感，那你只好去亲身体验一下现场的环境了。

Döðlur 创意公司

伯格林德 · 斯特凡多蒂尔（Berglind Stefánsdóttir），项目经理

如果从实践的角度去探析创意活动的话，你就会发现，各种艺术创作之间都有着潜在的共性，无论是打造一个品牌还是编写一部短片，无论是指导一部广告还是创建一个空间。很多时候，为了让自己的产品能够在市场中获得最优异的效果，我们不得不想出一系列新颖的点子来对其加以包装，所以在这样一个竞争的背景下，能否多花点时间去精雕细琢和挖掘一些奇思妙想，决定着你的产品在未来是否能够带来趣味性和活力。然而，伴随着新时代的多元性，妙趣横生的艺术创想并没有紧箍咒般的束缚，它既可以是朴素的，也可以是复古的。事实上，任何一个创意的迸发都来之不易，所以对待它就要像侍奉女王一样，不仅要让实践创作中的每一个环节都服从于“她”，而且还要让“她”引导你在各种阶段中，都能够在不脱离于主线的基础上做出正确的决定——怎样将室内设计与平面设计相结合，如何与项目合作者进行沟通来推动品牌走向市场。

当今世界，几乎一切都走向了视觉化，并且现代社会中的人的日常交流也都从面对面逐渐过渡到了照片墙、色拉布和脸书等流行的社交媒体上。当然，这是时代的趋势，也是客观的现实。社交媒体引领了一种新潮的生活，因为它不仅能让人们做出很炫酷的事情，而且还能通过多样的方式在网络中记录人们美好的回忆。因此，为了使空间设计和体验设计能够在未来与时代基调相吻合，以上所论述的这些方面，是我们在进行创作时需重点考虑的要素。那么对此，你有什么独特的见解要与我们分享吗？

我们喜欢社交媒体，就好比我们喜欢把自己的作品发表在高质量的杂志上，无论是纸质版还是电子版。那么对品牌铸造者而言，在社交媒体的世界里，目标群体的定位并不是首要的环节，相反，最重要是要弄清楚谁是品牌出版领域中的关键人物——是创始人还是引领潮流的人。要想解开这个难题，品牌创造者首先需要做的就是要研究这两类人的成果，并从他们所出版的业界杂志中汲取相关的灵感和经验，一旦品牌创造者从双向把握了这些出版物的办刊宗旨及成员业绩，那么他们就可以采取某种有效的方式与其进行沟通了。

就期望管理来说，我们不能以撒谎的形式来扩张品牌活力的效应，更不能将夸大其词的行为当作支撑品牌实力的工具。就好比你开设了一家以“恐龙世界”为主题的宾馆，当你仅有一米高的秀颌龙模型时，你总不能以此来承诺人们能在这里看到一只四十米高的阿根廷龙。同样的道理，当你开设的是一家二星级酒店时，一定不要许诺人们能够在这里享受到四星级的待遇。相反，你要向顾客极力展示是，这里的服务质量是所有二星级酒店中最好的。总之，不要给予过多的承诺而导致后来无法兑现，因为当顾客离开后，他们会在相应的网络系统中对你的酒店进行评价，而且一旦顾客对其中的某项服务有所不满，他们会毫不留情地对你的酒店给予差评。事实上，你的工作态度就是激励顾客去宣传你的直接因素，并且它所带来的效果也绝对不会令你失望。所以，坚持以诚信服务，万不可虚张声势。

“给我一个爱你的理由”是波蒂斯黑德乐队（Portishead Band）作品中的一句经典歌词，而我引用它想说明的是，如果你想让顾客青睐你的品牌，那么就给顾客一个爱上它的理由，从而让他们无时无刻不去关注品牌的发展状况。

照片由阿里 · 马格（Ari Magg）拍摄

“如果你想让顾客青睐你的品牌，那么就给顾客一个爱上它的理由，从而让他们无时无刻不去关注品牌的发展状况。”

内容简介

在当今科技迅猛发展的时代中，人与人之间相互交往的举止言谈已经逐渐渗透到了社会礼仪之中。随着人们越来注重于保护个人隐私，人际交往的社会环境变得比以往更为拘谨。在这样一种趋势下，当今的各大酒店和服务产业形成了新的市场环境，也就是说，他们一方面为顾客打造纯粹的奢侈品，另一方面还通过营造优美舒适的环境来呈现生活的内在品质。从美学的角度而论，酒店设计的亲和力往往是由梦幻般的环境所衬托的，而构成其完美空间的视觉要素不仅包含协调的色彩和图案，而且还涉及室内家具的陈列和装饰材料的选择。基于此，《品牌活力——精品酒店装饰设计》集中性地向读者展现了各大酒店的图形设计和室内设计，并意在通过这两部分内容的独创性来 突出酒店的品牌形象与活力。

首字母索引

CL	客户
CP	文案
CR	特别致谢
FT	家具设计
ID	标志设计
IN	室内设计
MT	项目管理
PG	包装
PH	摄影
PT	印刷
SE	布景与装置
ST	造型设计
TY	字体设计
WB	网站开发

Volks HOTEL

沃克斯酒店

人物访谈

约瑟·多尔（José Dol），总经理

阿姆斯特丹的沃克斯酒店（Volks Hotel）是专门为艺术家、公子哥、单身妈妈和夜猫子们提供的一个场所。他们可以在这里工作、休息、玩耍等。该酒店还会邀请当地人和旅行者在这个无忧无虑和充满活力的天地里一起畅所欲言。沃克斯酒店的前身是荷兰人民日报的总部，所以它既保留了过去编辑部的风格，又增加了现代的创意和灵感。不仅酒店的外观尽可能地保留了原来的样子，其内部建筑的原材料，比如钢、木、混凝土和玻璃也都保留不变。设计师 Bas van Tol 在沃克斯酒店的方案中特意夸大了该酒店的图案设计，从而更加突显了酒店的历史性。通过阿姆斯特丹的昔日视觉效果带给人们一种怀旧感和真实性。

José Dol

约瑟·多尔（José Dol）是“人民酒店”的总经理，由于她想创建一个世界顶级的酒店，所以多尔连同她的伙伴们组成了一个思维开放、富有创新意识的团队，共同探讨独特的观点。他们想为自己创造一个便于交流的、随和的、思维发散的环境。当他们注意到旅游和好客文化的时候，沃克斯酒店的设计团队就努力迎合当地的旅游文化，让游客以最方便、最友善的方式了解阿姆斯特丹的过去和现在的风俗。

01 荷兰人民日报办公楼即为沃克斯酒店大楼。
照片由马克·格林菲尔德（Mark Groeneveld）拍摄。
02 位于东阿姆斯特丹地图上的沃克斯酒店。照片由埃希迪奥斯·宾克（Egidius Bink）拍摄。
03-04 沃克斯酒店接待台及周边工作场所。
照片由马克·格林菲尔德（Mark Groeneveld）拍摄。
05 不仅是为了装饰墙面，沃克斯酒店也为客人提供了期刊读物。
照片由马克·格林菲尔德（Mark Groeneveld）拍摄。
06 员工咖啡吧。

01

02

03

04

05

06

"我们想给游客和当地人创造机会相遇,给自由职业者和我们工作室的创意顾问，以及俱乐部中的啤酒爱好者和鸡尾酒爱好者创造机会相遇,这样人们之间就会产生新的故事和新的人际关系。所以说是许多人一起创造了沃克斯酒店。

生活在沃克斯酒店的人有什么核心信仰和信念呢?

沃克斯酒店是为那些思想开放，愿意结交朋友的人提供的一个场所。这里是认识新的事物、充满创造性和欢乐的地方。我们想给游客和当地人创造机会相遇,给自由职业者和我们工作室的创意顾问，以及俱乐部中的啤酒爱好者和鸡尾酒爱好者创造机会相遇,这样人们之间就会产生新的故事和新的人际关系。所以说是许多人一起创造了沃克斯酒店。这个酒店对所有人开放，重要的是我们以个人的名义来对待我们的客人，这点可以从酒店房间的质量和价格方面体现出来。

你如何定义今天的服务和好客文化?

热情好客正逐渐成为一种更私人的体验。因为客人想知道产品或观念来自哪里，而这一点需要通过地域文化来体现出来。但这就像私人故事被昭告天下了似的。

沃克斯酒店是怎样接受或者不接受这种好客文化的?

沃克斯酒店旨在为每个走进酒店的人打造一种独特的个人经历。我们也在讲故事——我们以独特的方式讲述着我们自己的故事，以及来来往往的人的故事。天南地北的人出于不同的原因来到这里，这就形成了我们自己的历史。我们不会轻易改变我们的想法，即使是出于为客人考虑的角度。因为我们一直在做我们坚信的事。

沃克斯酒店主要想吸引什么样的客人呢?

我们欢迎每一位心胸开阔的人。我们也欢迎来自不同地方和拥有不同背景的人。小号吹奏者、肚皮舞演员、办公室职员、家庭主妇或年轻的自由职业者……我们都欢迎他们在此相聚。

你想为客人创造什么样的氛围和体验?

我们想为客人提供一个开放而轻松的氛围。这样就可以让人们在结交朋友、进行创造或者在温馨谈话的时候感到更加舒适。在这里你可能会想出解决全球变暖问题的对策，也有可能在酒吧工作的时候激发了你对生活的热爱。

为什么酒店的环境和氛围是很重要的呢?

当你旅行时，你的目的就是品味当地的生活。在沃克斯酒店，当地人和游客可以生活在一起。当你在沃克斯酒店度假的时候，不会让你感觉这是一个旅游景点，因为你可以看到很多当地人在这里工作、吃饭、聊天。我们酒店一共有172间客房，还有一个工作场所、一个屋顶餐厅、一个帆布俱乐部、一个地下酒吧、几个屋顶热水浴缸、一个小桑拿室，还有200多名富有创造性思维的青年及他们的工作室。正是这样的生活环境吸引了当地人和外地人聚集到一起，为来到阿姆斯特丹的游客创造了一个娱乐的场所。

对于品牌方面你有什么希望改善的吗?

我们想让世界上更多志同道合的人了解我们，这样他们就可以来拜访我们，因为熙熙攘攘的人流才是沃克斯酒店繁荣发展的基础。

07

08

09

沃克斯酒店有9个单独设计的房间:
07 你就在此
由布罗·库里奥尔斯(Buro Curious)设计
08 林中小屋
由伽柏·迪斯伯格(Gabor Disberg)设计
09 沐浴比库
由汉纳·马林(Hanna Maring)设计
10 六十九
由罗莎·丽莎·温克尔(Rosa Lisa Winkel)设计
六种类型的标间满足不同人数群体的需要,
但是最多可以带两只宠物!
11 最大的房间,可以容纳4个人
12 标间,可以容纳2人
照片由格罗内维尔德(Mark Groeneveld)拍摄

10

11

12

该建筑的前身——报社的总部，是怎样影响沃克斯酒店的设计风格的？

报纸以不同的方式影响着整个沃克斯酒店。在房间的卫生间的玻璃墙上贴满了旧报纸。在走廊里，你也可以找到作为壁纸的标志性的放大了的照片。你还可以从酒店内部的报纸上面发现历史事件。在报社工作的人的故事也对我们产生了影响。当我们第一次计划把报社改成酒店的时候，我们采访了这家报社的雇员，他们对这幢大楼里发生的一切都感觉很好。

沃克斯酒店是怎样打造适合每个人的酒店的呢？是通过什么方式来提升人们的旅行质量的呢？

当我们更多关注酒店的设计和细节的时候，我们就可以设置不同价位和不同功能的房间供旅客选择。我们一直坚信每一个人都很重要，不管你做什么，也不管你是谁。所以我们的员工和客人在沃克斯酒店可以着装随意，只要他们自己喜欢就好。

虽然这九个“特殊房间”设计的目的不同，但是是否有一个总体概念或理念使他们联系到一起呢？

这些房间是由刚入行的设计师创造的，这些人的思想比较开放，并且预算相对来说也比较少。我们选择的设计师很了解我们的故事，并且也与酒店有一定的联系。这些人住在阿姆斯特丹，有的在沃克斯酒店工作或者曾经在那里工作，有的经营了自己的创意工作室。有些人的经验可能比其他人少，但我们也不是很在意。例如，丹尼的房间是由我们的厕所服务员Eva de Pleeva设计的 。

除了保留建筑的结构，沃克斯酒店还具有什么历史和文化内涵呢？

我们有专门为戏剧节准备的秘密场所，当地艺术家会来这里表演。我们还举办博览会及积极配合当地的活动。

沃克斯酒店希望同当地的创造者们共同讨论什么呢？

我们创建了一个平台，人们可以通过他们的创作讲述不同的故事。我们也很乐意这么做。他们的故事有的有趣，有的唯美，有的也很有意义。这些故事应该被讲出来，被大家讨论。所以我们想为这些故事提供一个交流的平台。

这样的酒店会给客人产生什么样的影响呢？

这当然对每一位客人来说都是非常个性化的。但我认为有的客人也会对我们所做的事情感到惊讶、鼓舞或者高兴。他们会更了解阿姆斯特丹，也会更了解这里的人。

“当你在沃克斯酒店度假，你并不会感觉你是在一个旅游景点，因为你可以看到很多当地人在这里工作、吃饭、聊天。”

13

17

13 白天的帆布屋顶露台
由雷蒙德·万·米尔（Raymond van Mil）拍摄
14 艺术家吉恩·菲利普·帕米埃（Jean-Philippe Paumier）的当代艺术作品
15 周五和周六晚上的帆布俱乐部
16 节目海报
17 工作室音乐现场
由路克·海曼斯（Louk Heimans）拍摄
18 工作室好音乐复古黑胶市集
由雷蒙德·万·米尔（Raymond van Mil）拍摄
19 密室节中的酒店房间剧院
由伯格（Berg Dot Jpeg）拍摄
20 海滨度假胜地的屋顶浴缸
由若昂·科斯塔乙（Joao B Costa）拍摄

14

15

more information on volkshotel.nl/agenda
What's up
January 2nd / January 15th
Special
Sun 8 Jan Music
Badplaats Winter Sessions with Bobby Frank
A monthly hangout on our rooftop. With hot tubs, a little sauna, live music and storytellers.
Thu 5 Jan Music
The Bunga Bunga Experience (live)
Listen and dance to a mix of electronic beats, genius guitar riffs and seductive horns and bass.
Sat 6 Jan Club
Hotel Tropique
Louzolo
The best dressed African man at the desks again. Warm up those hips.
Sat 7 Jan Club
Noofilter
NO. Noofilter for Jimpster (UK) and Melon.
LATE NIGHT BURNERS LATE NIGHT BURNERS
Sat 14 Jan Club
Late Night Burners with Moomin (DE)
A night of warm, energizing house music and Moomin's hot groove.
Werkplaats
Fri 6 Jan Expo
Opening 'Extra Ordinary' by Mark Rammers
Photos of beautiful places, shapes and colors that we take for granted on a daily basis.
Wed 11 Jan
Smokin' Sessions: Benjamin Herman
Smokin' hot live jazz every second Wednesday of the month. With a jam session afterwards.
Juicy
Hip hop, food and drinks.
phenomenon.
Doka
Sat 7 Jan Music
Halve Soul
This DJ knows how to get that basement crowd bouncing.
Fri 13 Jan Music
Van Mixed Grill naar Javaanse Jongens
Bring swimming suits and sunglasses for this trip to the tropics.
Every week
Yoga
Every Monday, Wednesday & Saturday. Ask reception for details.
Sport
Every Tuesday & Thursday. Ask reception for details.
Hairdresser
Every Friday in Werkplaats.
Massage
Every Friday in Werkplaats, every Sunday in Badplaats.

16

18

19

20

图形标志设计

平面设计中的品牌形象

斯堪迪克干草市场酒店
米兰塞纳托酒店
维也纳费迪南德优雅酒店
格拉茨维斯勒大酒店
住宿加早餐型宾馆
简约旅舍
路徒行旅
维也纳丹尼尔酒店
艾德酒店
河镇旅馆
京都青年旅舍
围炉日本桥青年旅馆
维特勒别墅酒店
东京小巴旅馆
罗伊德旅馆
小屋大门酒店
赋乐旅居
卡萨库拉酒店
纳维斯酒店
巴黎OFF酒店
罗比酒店
亚瑟旅馆
鲁姆布达佩斯酒店
卡萨博馁酒店
荷兰酒店
赤阪觉醒酒店
甘乐酒店
塞克尔酒店

尽管多年来酒店图形标志一直处于一种十分低调且不引人注目的状态，但以某种最为独特的形式来突出其品牌形象的个性是它最为核心的功能。优秀的标志设计，能够成功地引导人们从美学的角度去审视酒店的风格、品牌附属品、商品及室内装饰，并且其色彩的搭配、字体与图形的组合，能够在突显酒店艺术性的同时，唤出其品牌生命所具有的一种活力和价值。本章节展示了28个酒店（旅馆）的经典图形标志，其视觉魅力不仅能够给您留下生动的印象，还可以让您体会到标志设计在酒店形象塑造方面所起到的重要作用。

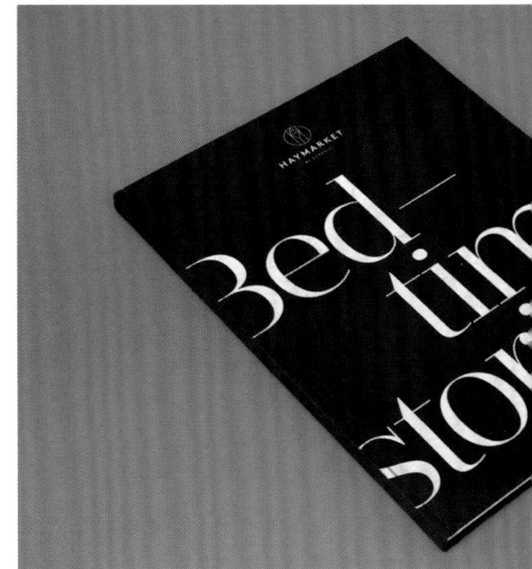

斯堪迪克干草市场酒店

斯德哥尔摩，瑞典

ID 25艺术之家（25AH）　**IN** 斯德哥尔摩Koncept 建筑公司　**CL** 斯堪迪克酒店，斯德哥尔摩Koncept 建筑公司

斯堪迪克干草市场酒店（Haymarket by Scandic）位于斯德哥尔摩市中心，而该酒店在过去的一段时间内，曾归属于19世纪成立的一家百货商店。如图所示，斯堪迪克干草市场酒店的视觉形象体系是由魅力无限的字体，配以黑、白、金三种不同的颜色所构成的，而这种设计形式无疑在很大程度上突显了一种装饰艺术风格的优雅与活力。斯堪迪克干草市场酒店如今已被列为 斯德哥尔摩的建筑遗产之一，而25艺术之家（25AH）为了向社会公众映射出该酒店所具有的这种文化身份，在干草市场酒店的产品上附加了一系列的几何字体，并以这样一种趣味的形式展现了20年代的现代之风。酒店的标志设计与其主题形成了统一的格调，而它的线性图形也在装饰艺术风格的启发下被表现得十分简约和大方。

1916

HAYMARKE

1916
PAUL U BERGSTRÖMS AB
HAYMARKET

8 801–888
7 701–764
6 601–684
5 501–590
4 401–494
3 301–390
GYM GARDEN
2 201–252
MEETING ROOMS
1 PAUL'S
0 LOBBY
AMERICAIN
GRETAS
RESTROOMS
–1 RESTROOMS

TO ROOMS
ELEVATOR
RESTROOM

HAYMARKET
BY SCANDIC

01234
56789

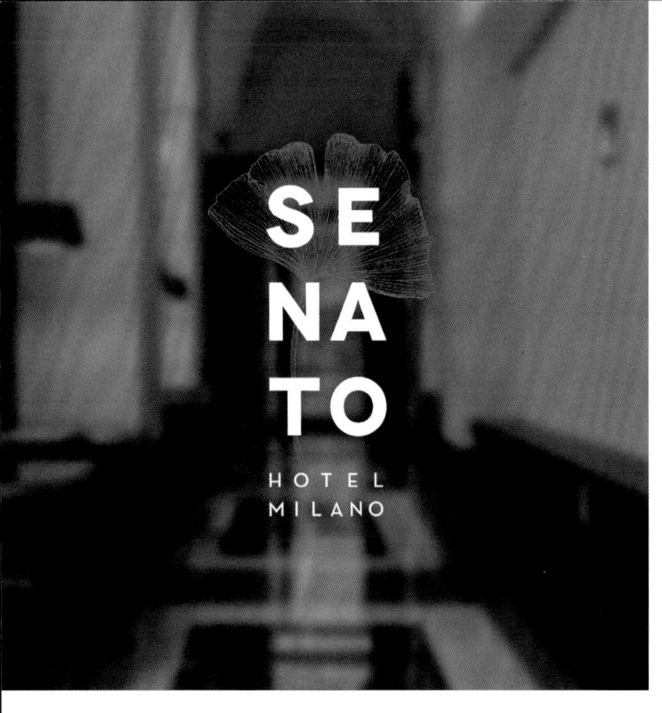

米兰塞纳托酒店

米兰，意大利

ID 6号创意工作室　**IN** 亚历山大 · 比安奇　**CL** 米兰塞纳托酒店

米兰塞纳托酒店（Senato Hotel Milano）是一家古老且知名的精品酒店，它毗邻贾尔迪尼著名的古迹公园——因德罗蒙塔内利公共花园。基于塞纳托酒店对自然文化和城市文化的重视，6号创意工作室采用了黑色与金色相搭配的优雅风格，迎合了米兰人所特有的庄严且高雅的品位——为他们在酒店中打造一个美观且实用的环境空间。酒店的视觉标志是以银杏叶（19世纪古花园中所特有的一种树叶）作为主体形象的，而这些三维形态的金色树叶对酒店接待大厅、商务名片及信纸等空间和物品的装饰发挥着重要的艺术功效。

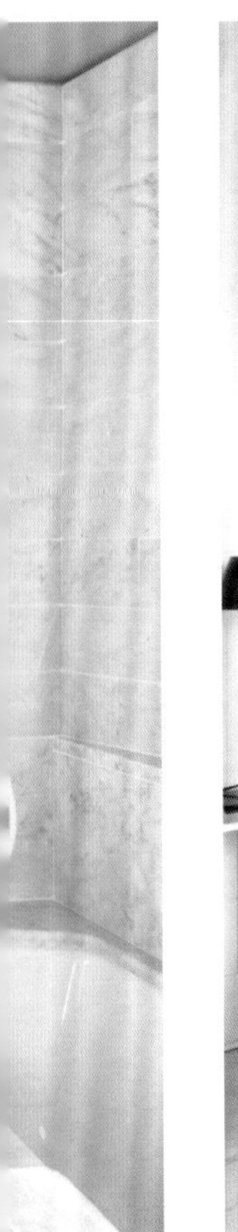

维也纳费迪南德优雅酒店

维也纳，奥地利

GRAND
FERDINAND

ID moodley品牌设计公司　**IN** 佛罗莱恩 · 维策　**CL** 威兹酒店

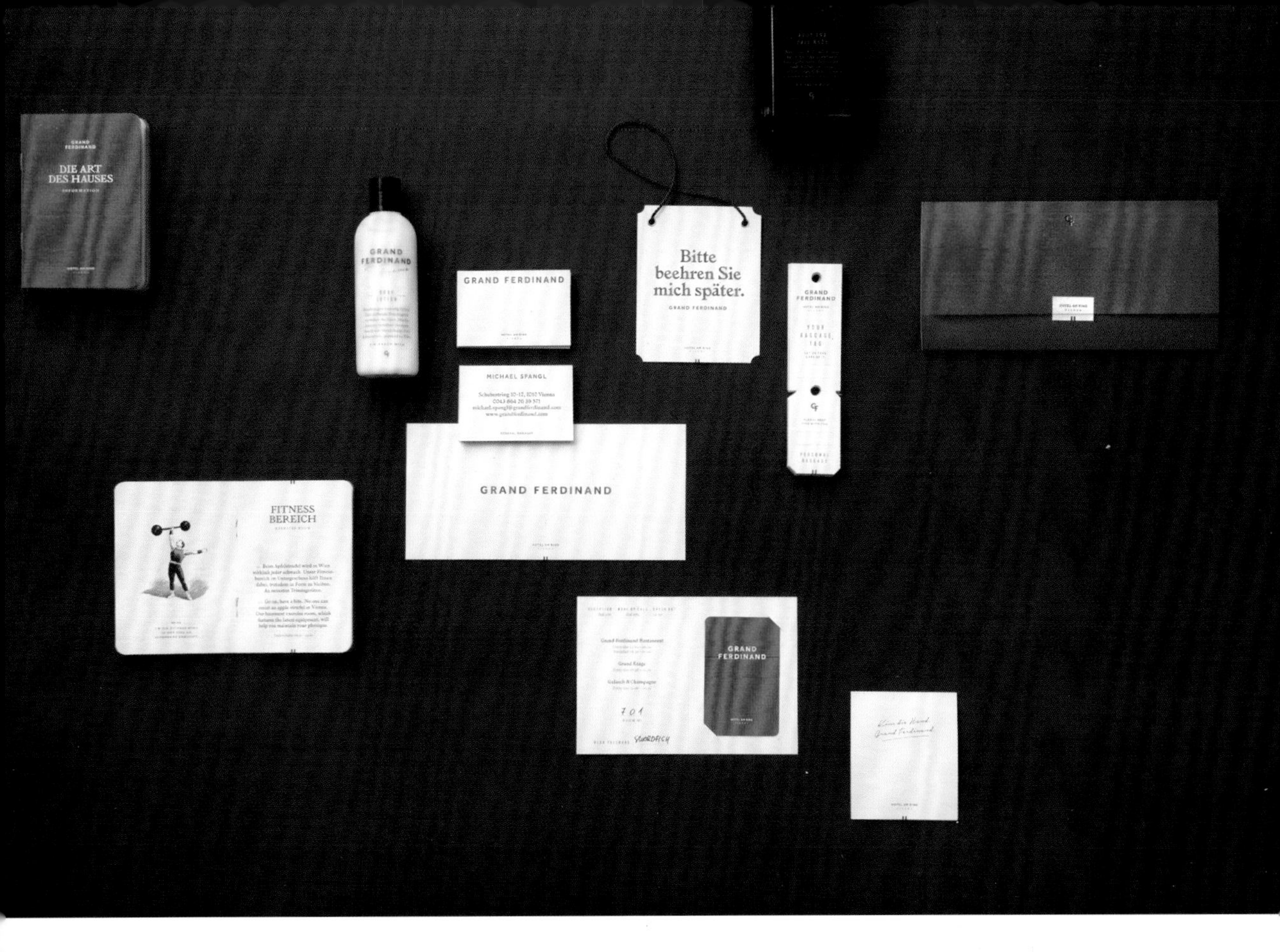

近年来，费迪南德优雅酒店（Grand　Ferdinand）一直在努力还原维也纳这座世界之城的"壮丽"色彩，而这样做的根本目的，就是以今天的成绩来歌颂维也纳人过去的奋斗历程。正如您所看到的，酒店的历史性装饰，在充满生机与活力的氛围及民族自豪感下，仿佛能够引领顾客亲身体验一场真实的奥地利之旅，而moodley品牌设计公司为该酒店所设计的视觉系统中，红白相衬的活力风格不仅呼应了奥地利的国旗颜色，而且还能够在某种程度上突出费迪南德优雅酒店的全新形象。醒目的现代红与柔和的古典白形成鲜明的色彩对比，而多样文本在手写字体、无衬线字体和Larish　Alte字体的组合形式下，显得十分美观和有趣。费迪南德优雅酒店多样的艺术风格令人感到记忆犹新，因为它的装饰形式都是以一种唯美的艺术风格来向顾客展现其品牌活力。

GRAND FERDINAND
Rotweine
Hausweine
Champagner

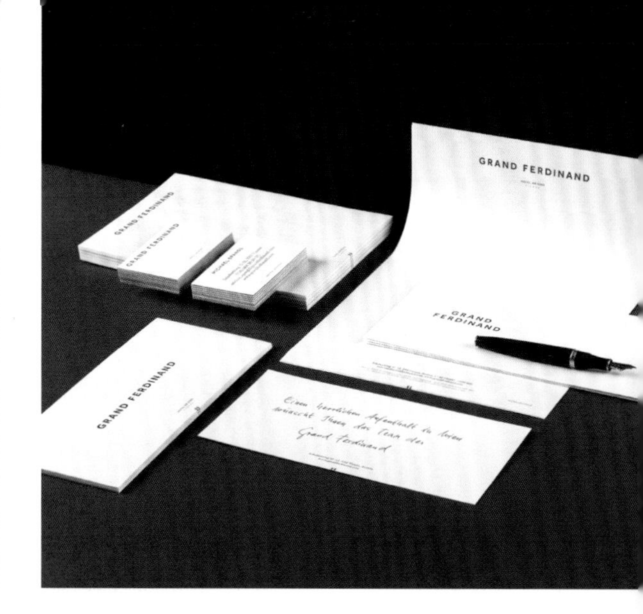
GRAND FERDINAND

GRAND FERDINAND
DIE ART DES HAUSES
INFORMATION
HOTEL AM RING

GRAND FERDINAND
Viennese Elegance
BODY AND HAIR WASH
GRAND FERDINAND
BODY LOTION

格拉茨维斯勒大酒店

格拉茨，奥地利

ID moodley品牌设计公司　**IN** 佛罗莱恩 · 维策　**CL** 威兹酒店

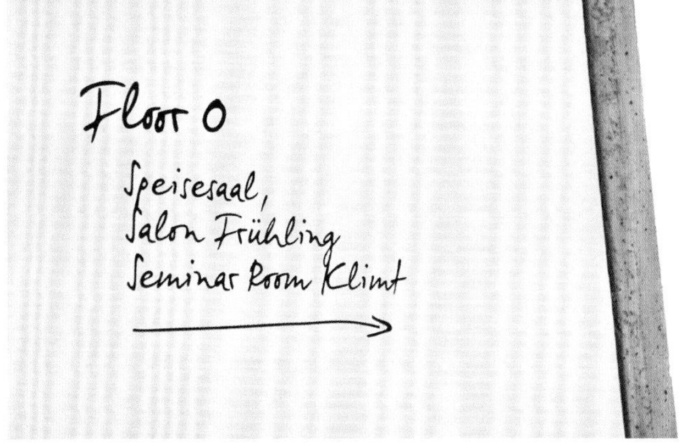

格拉茨维斯勒大酒店（Hotel Wiesler）至今已有一百多年的历史了，但近年来，该酒店并没有接受公众给予它的五星级称号，而是决定重塑自我形象、树立新的独立品牌。传统的装饰材料是维斯勒大酒店的美观之魂，而moodley品牌设计公司为了使其能够保持原有的艺术风貌，尝试了新艺术派的装饰风格，对维斯勒的美学精神进行了平衡式的革新——让传统与时尚的艺术风格形成一首完美的装饰曲调。如图所示，信纸及商业名片上的视觉表现，充分弥漫着一种怀旧之情，而墙壁上的涂鸦艺术及室内空间的装饰效果，也为酒店的生命活力点燃了激情。摆脱过去的桎梏、打造新的品牌形象是维斯勒大酒店近年来始终坚持的信念，而在这种价值观的引导下，维斯勒大酒店不仅成功培养了自己心胸开阔的格调，而且使得来这里寄宿的旅客也萌生了重塑自我的思想。

住宿加早餐型宾馆

代尔夫特，荷兰

ID SILO　　**CL** 住宿加早餐型宾馆

住宿加早餐型宾馆（B&B Punt Uit）不仅拥有舒适的床铺和丰盛的早餐，而且还有着古怪的建筑和友好的员工。为了探索荷兰的艺术发展史，SILO基于代尔夫特蓝陶的风格，利用手绘的形式为该酒店设计了一整套品牌形象，而这些构成要素主要包含标志设计、字体设计、标签设计及插图设计。从历史的角度而论，在代尔夫特蓝陶处于鼎盛发展阶段时，常常用这种艺术形式来绘制动植物风景和圣经中描述的场景，而这种艺术形态也常常被用来美化室内的地板和大厅的壁面。基于建筑、城市、动物及短信的灵感启发，SILO以一系列新的代尔夫特蓝陶图案构成一种特别的视觉语言，而这些被绘制在墙壁上的群青彩绘，则以一种富有活力的风格为顾客营造了一个生机勃勃的室内空间。

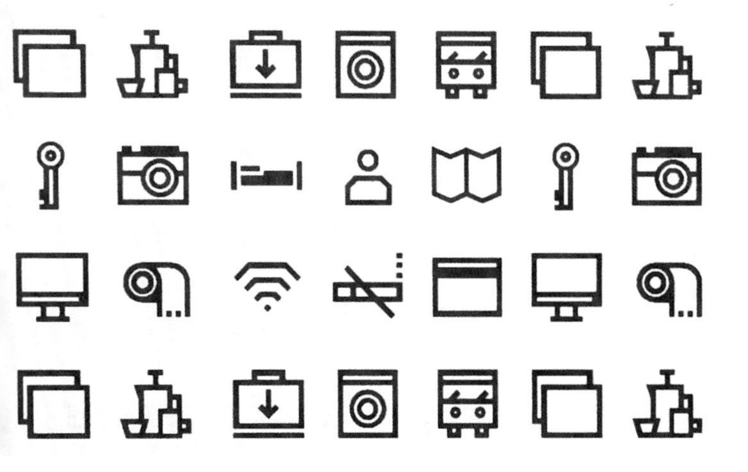

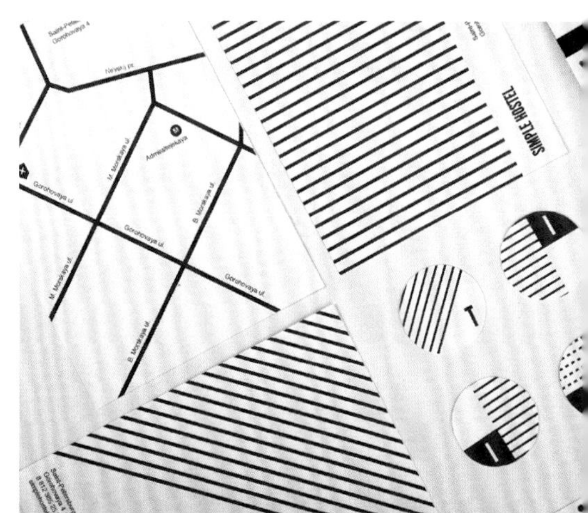

简约旅舍

圣彼得堡，俄罗斯

ID 玛莎 · 波尔特诺娃　**IN** DA architects　**CL** 简约旅舍

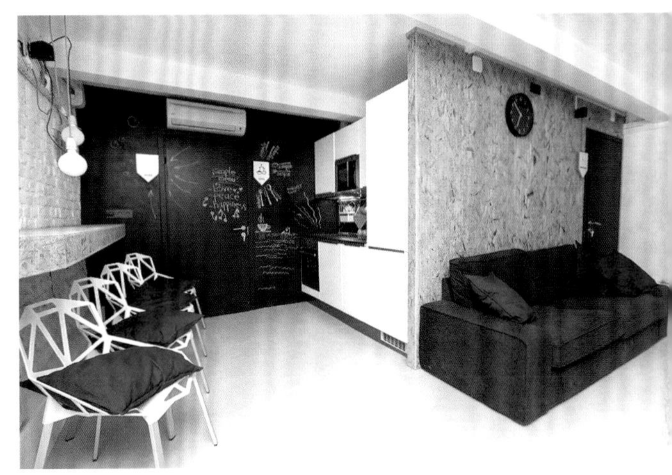

以朴素且随和的方式来体现舒适的本质，是简约旅舍近年来追求的目标。简约旅舍（Simple Hostel）位于俄罗斯圣彼得堡的中心地带，而它的信息符号在品牌设计的艺术渲染下，外观形象既显得清晰、简洁，又显得美观、大方。玛莎·波尔特诺娃（Masha Portnova）在她个人的创作过程中，十分注重于简约、明了的视觉语言，正如您所看到的，该旅馆的品牌形象设计，是以蓝白相衬的双重色彩及丰富多样的夹角图案所组合而成的，而波尔特诺娃为了充分表达视觉语言来向顾客传达信息，还设计了一系列的符号和象形图来向人们展现酒店的各项服务体系。对年轻一代的环球旅行者而言，这种趣味性的品牌形象设计是十分受欢迎的，他们不仅可以从中欣赏到设计的简洁之美，而且还能领悟到简约设计风格潜在的高雅品质。

路徒行旅

台北，中国

Roaders Hotel
路徒行旅

ID 李宜轩，施博瀚　**IN** 行远国际工程开发股份有限公司（2F–9F），創坊（B1）　**PH** 徐圣渊　**CL** 路徒行旅

路徒行旅（Roaders Hotel）是位于中国台湾省台北市的一家汽车旅馆，该旅馆以停车点的形式，为旅客探索多样生活的旅途提供了缓冲的休息空间。让旅客保持精神焕发的状态继续前行，是路徒行旅酒店长期秉承的理念，因此该酒店为旅客提供了一系列的休闲娱乐设备（如健身器械、游戏机和儿童活动室等）。路徒行旅具有一种淳朴的乡村风格，而施博瀚基于这样一种属性，以棕色与橙色相搭配的模式打造了一套特色的品牌形象。如图所示，该酒店的商务名片、房间告示和"Roaders字体"具有一种磨损做旧的视觉效果，这种纹理风格与古怪图形相搭配的艺术形式，不仅能够使旅客回想起昔日的乡村旅行，而且还能使他们在怀旧风格的牵引下，去期待明天更为美好的人生旅途。

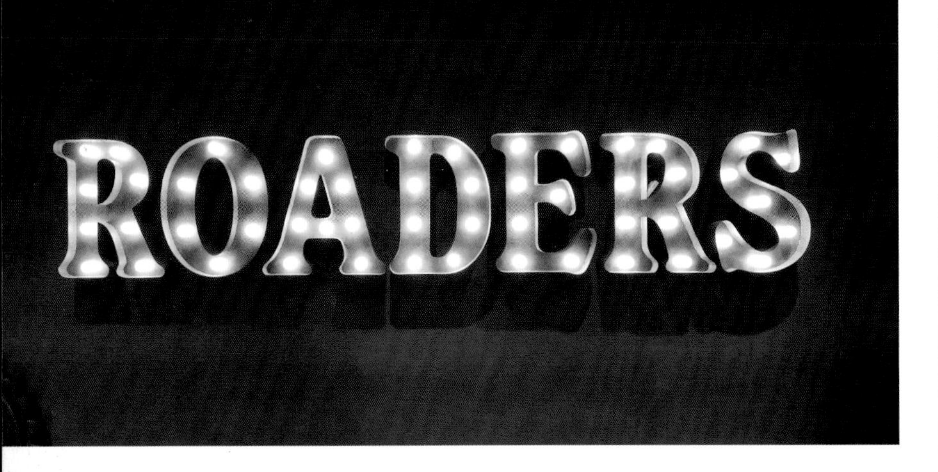
ROADERS

Restaurant
Women
6F

ROADERS HOTEL
路徒行旅
ROADERS
oaders

Restrooms

Gym

Game Room

Staff Only

Accessible

Restrooms

Tableware
Recycling
Division

F

Floor
B1

Floor
3

B1

2F

Roaders Hotel
RM-902

维也纳丹尼尔酒店

维也纳，奥地利

ID moodley品牌设计公司　**IN** 佛罗莱恩 · 维策　**CL** 威兹酒店

"都市风范，睿智奢华"是维也纳丹尼尔酒店（Hotel Daniel Vienna）长期秉承的座右铭，而该酒店在这种理念的引导下，成功地以简约风格满足了现代旅行者的需求。之所以强调这一点，主要是为了突出moodley品牌设计公司的这套当代设计作品，即以黑白搭配的形式为维也纳丹尼尔酒店所打造的品牌形象设计。如图所示，美观简洁的圆形标志，以它高雅的外表加深了该酒店自1886年以来所持有的一种优质服务、简约风格及文化底蕴。丹尼尔酒店品牌附属品的印刷形式风格统一，酒店的企业标志以浮雕的形式呈现，在大写字母、无衬线字体及徽章结构的美学表现下，不仅突出了丹尼尔酒店所具有的一种自信姿态，而且让其高大的形象深深地留在了人们的记忆之中。

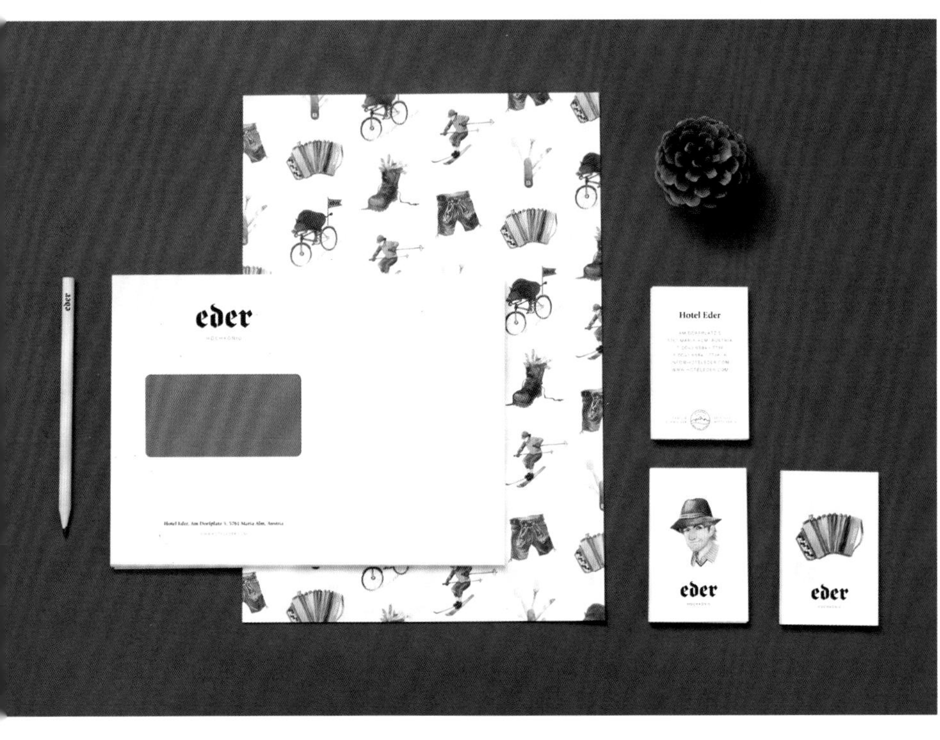

艾德酒店

萨尔茨堡，奥地利

eder
HOCHKÖNIG

ID moodley品牌设计公司　**IN** 弗朗茨 · 柯契梅尔，塞普 · 施魏格尔　**CL** 艾德雷纳石米尔酒店股份有限公司

在任何一个国家，每一座城镇都会设有旅馆或酒店。艾德酒店（Hotel Eder）位于玛丽亚阿尔姆（奥地利萨尔茨堡州滨湖采尔县的一个镇）的镇中心。而该酒店在长期的经营过程中，不仅与周边生机勃勃的村庄形成了长期合作的关系，而且还在某种程度上吻合了这座城镇中心的地理特点和文化特点。作为家族式酒店，艾德酒店多年来一直沉浸在自己的传统理念之中，而为了突出这家酒店的特色，moodley品牌设计公司以炫酷的插画形式，展现了该旅馆所提供的一系列诸如滑雪和自行车运动等活动，而这些服务也恰恰反映了艾德酒店所具有的一种独特魅力和舒适品质。艾德酒店品牌形象的颜色由绿、棕、白三种色彩所构成，而这种组合模式不仅反映出了该酒店的传统服饰色彩，也展现了该酒店对乡村气息所持有的一种"爱恋之情"。

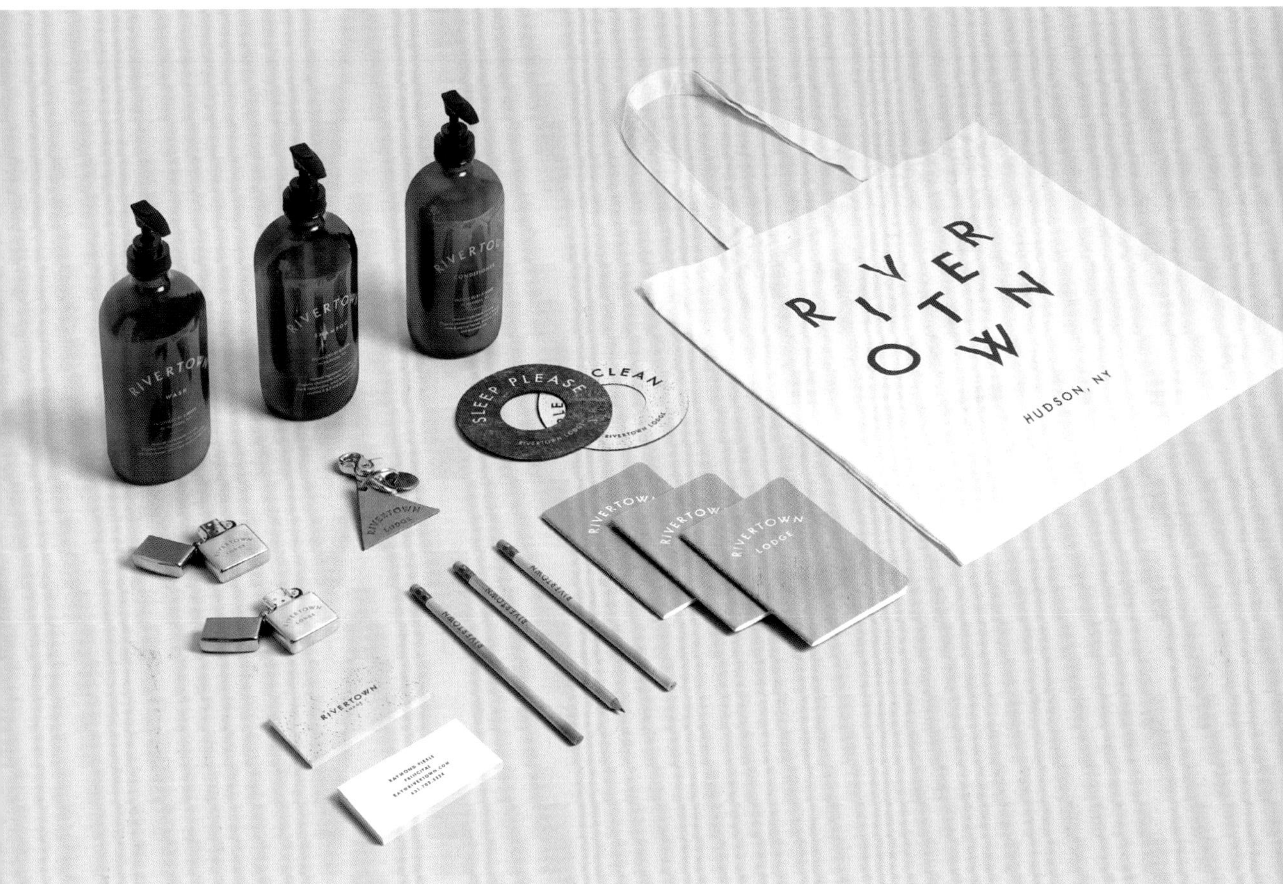

河镇旅馆

纽约，美国

RIVERTOWN
LODGE

ID RoAndCo　**IN** 安德鲁　**PH** 嘉玛 · 英戈尔斯设计工作室　**CR** Brite/Lines　**CL** 纽约河镇旅馆

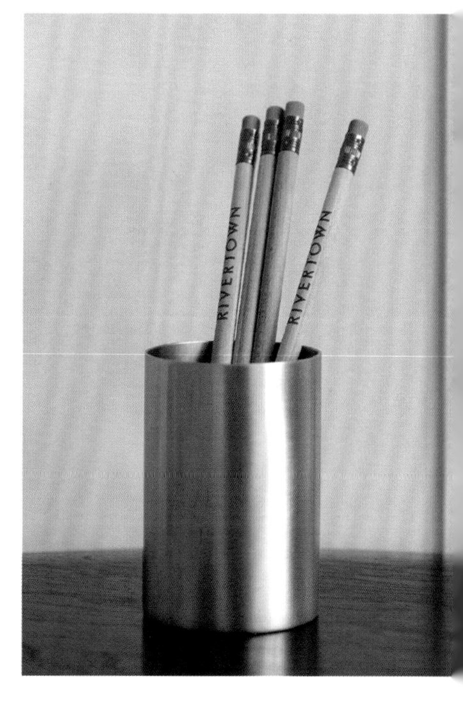

为纪念哈得孙河周边景观及创意社区的周边环境之美，纽约河镇旅馆（Rivertown Lodge）的品牌形象设计，侧重于让人们领悟为什么人们会如此眷恋于户外的自然风光。如图所示，该旅馆印刷附属品的表面纹理是模拟帐篷帆布、斑纹餐具等野营物资的自然形态所构成的。土质的色彩、木制的文具、黄铜雕刻的打火机是纽约河镇旅馆唤醒户外野生美学的主要媒介。而被安置在三种不同锁链上的标志文字，也在很大程度上展现了该设计所具有的一种创造性及灵活性。

京都青年旅舍

京都，日本

ID UMA/design farm　**IN** 谷德设计　**PH** 佐伯好郎 · 马苏达，织田信忠 · 表俊一郎　**CL** 京都青年旅舍

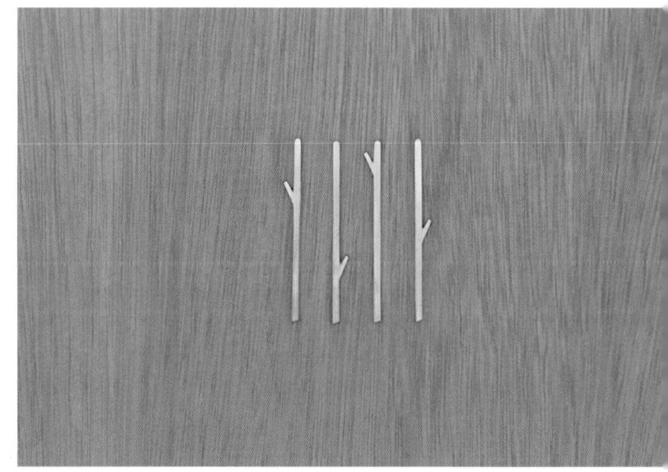

京都青年旅舍（KYOTO ART HOSTEL /Kumagusuku）既是一个旅馆，也是一个画廊，因为它不仅为旅客提供了舒适的休息环境，而且还能让人们在这里体验艺术的形式美感。每年，京都青年旅舍都会举办 场艺术特展，并且展览中所陈列的一系列新潮之作，也会在很大程度上改变该酒店原有的环境风貌。"Kumagusuku"的表面含义，是由日语中的"熊""树"及"城堡"三个词汇所构成的，而基于这三者之间的属性，UMA/design farm采用了三个树枝形态，并在迎合"动物""植物"及"人类"文化概念的基础上，为该旅馆打造了一个简约的标志符号。找回生活中的平凡色彩是京都青年旅舍长期的经营理念，而为了契合这样一种理念，他们一直在致力于提供一种新的视角来让顾客品味生活中的淳朴。

围炉日本桥青年旅馆

东京，日本

ID HI公司　**IN** SPEAC　**PH** Takuro Ogawa　**CR** Shozando (Old Edo Map)　**CL** R.project

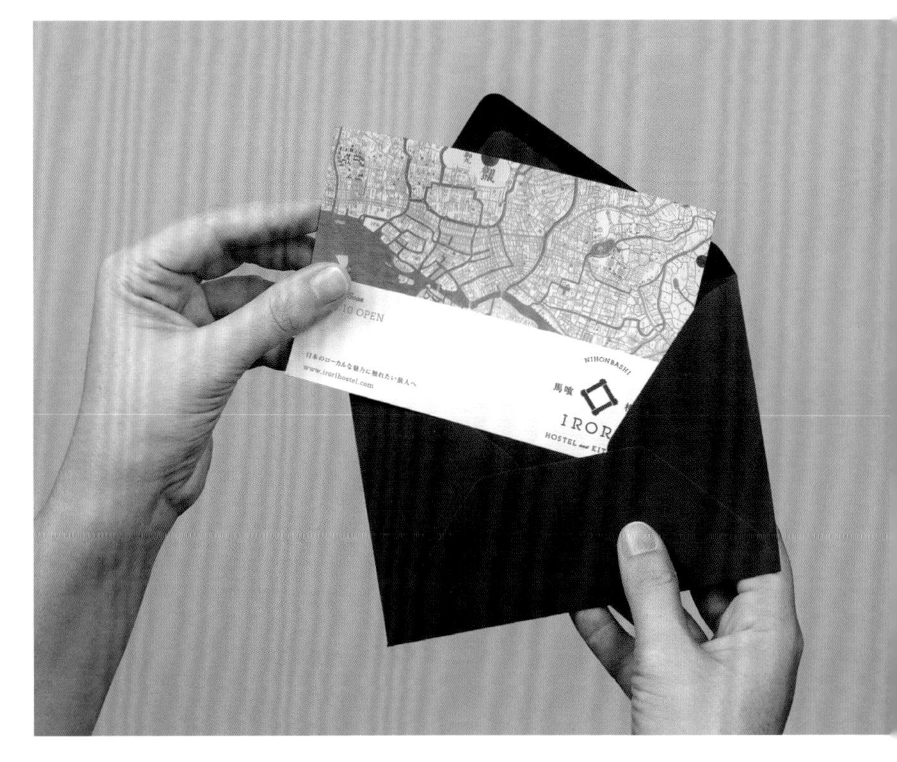

"围炉"是日本的传统壁炉，也是日本桥青年旅馆（IRORI Nihonbashi Hostel and Kitchen）的企业象征符号，而该酒店选择这种形象目的是希望通过烹饪之乐来将世界各地的游客汇集到一起。围炉日本桥青年旅馆设有共享式的厨房、壁炉及休息室，而宾客在制作和享用美食的环境氛围中，不仅可以了解更多丰富的日本文化，而且还可以在此期间结识更多远道而来的异国之友。如图所示，日本桥青年旅馆的标志设计，是HI公司依照围炉的形态结构，并采用简易的表现形式所创作的。而其传统风格的日本桥（该桥位于东京中央区，是横跨日本桥川的一座桥梁）地图设计，不仅被应用在了旅馆的装饰壁画之上，而且还被扩展到了各种形式的载体之中。

3F
Guest Room

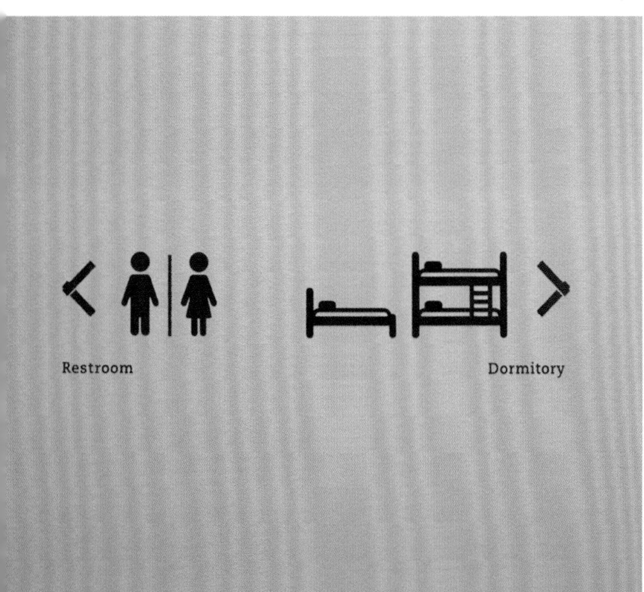
Restroom
Dormitory

中
呉服

旅馆的崛起

—

欧洲出现的金融危机，已经为世界各地的许多商家敲响了警钟，但对旅馆而言，它却标志着一个全新的开始。自金融危机爆发以来，特别是在欧洲，旅游业面临着各种巨大的挑战，由于游客数量的普遍下降和竞争的日益激烈，旅馆业为了适应这种恶劣的经济环境，保持最基本的运营状态，旅馆经营者一直在不断地努力，从而让自己的旅馆方方面面都可以始终紧跟时代的潮流。

旅馆的新概念产生于2008年至2014年。众所周知，在过去，设有大型共用卧室的那些低成本旅馆，为了使自己能够不掉队，一直在致力于根据自己的经济预算去借鉴那些专业的传统酒店、度假区及其他高档次的寄宿场所。然而，对多数的独立旅馆而言，他们都有一个共同的目标，那就是跟随设计师和建筑师围绕奢侈品开发新概念的思维，提升社区生活的整体质量，加大智能技术、品牌塑造和营销策略等方面的分散性投资。

当今，高档型的旅馆或许已经充斥在了全球各大景区之中，但这种局面在未来不会一成不变。日益流行的Airbnb屋（总部位于美国加利福尼亚州旧金山）的经营者认为，临时居所的个性品质不仅会对旅行者的心理产生影响，而且还会以某种抽象的形式嵌入于人们的经济思维之中。当前，旅馆设计的重点已经从营造舒适、安逸的休憩空间，转到了在装饰墙面上讲述故事和创造独特的经历，而这种创作手法如今已经逐渐成为了各类酒店及旅馆最为突出的艺术表现形式。现在，让我们跟随一对欧洲夫妇及一支游访过世界各地的旅行团队，一同来走进极客(Hostelgeeks)旅馆，感受一下这种设计形式所带来的一种全新景象。

极客旅馆的空间形象是典型的以故事模式所设计的，而这种表现形式的应用，其目的就是引导顾客在这里寄宿之时，能够在探索故事情节的过程中对此留下一份深刻且难忘的记忆。

有助于启发创作灵感的酒店及旅馆

瓦伦西亚休闲旅馆，巴伦西亚 | BaseCamp青年旅馆，波恩 | 赫克特设计旅馆， 塔尔图 | 25小时酒店，德国、瑞士、奥地利 | 超级布德格拉茨公寓，汉堡酒店

WERELDKAART
THE TIMES
THE TIMES ATLAS OF THE WORLD
ATLAS OF THE WORLD
HOSTEL
LIVE MUSIC
H902
UWY
M81
UUB

极客旅馆提供

维特勒别墅酒店

卡累利阿共和国，俄罗斯

ID 阿克斯科 · 叶夫列莫夫　　**CL** 维拉维特勒酒店

流经欧洲最大湖（即拉多加湖）的维德利察之河，位于俄罗斯卡累利阿共和国，而图中所展现的维特勒别墅酒店（Villa Vitele），也恰恰坐落于这座宏伟的城市之中。维特勒别墅酒店的品牌形象，是由其周边的松林、海滩及河水等景象的图形化符号所构成的，而这种形式，则是当地平面设计师阿克斯科·叶夫列莫夫（Axek Efremov）在自然界灵感元素的启发下，结合于自己的创新理念所设计的。斯堪的纳维亚的标志图形的颜色是以象征河水及泥沙的色彩（即蓝色与棕色）为主体的，而叶夫列莫夫的这种配色方案是为了体现度假区的舒适环境和歌颂卡累利阿的自然气息。正如您所看到的，简易化的图形元素不仅唤起了卡累利阿自若如常的美丽风貌，而且还反映了现代北欧设计中的一种简约风格。

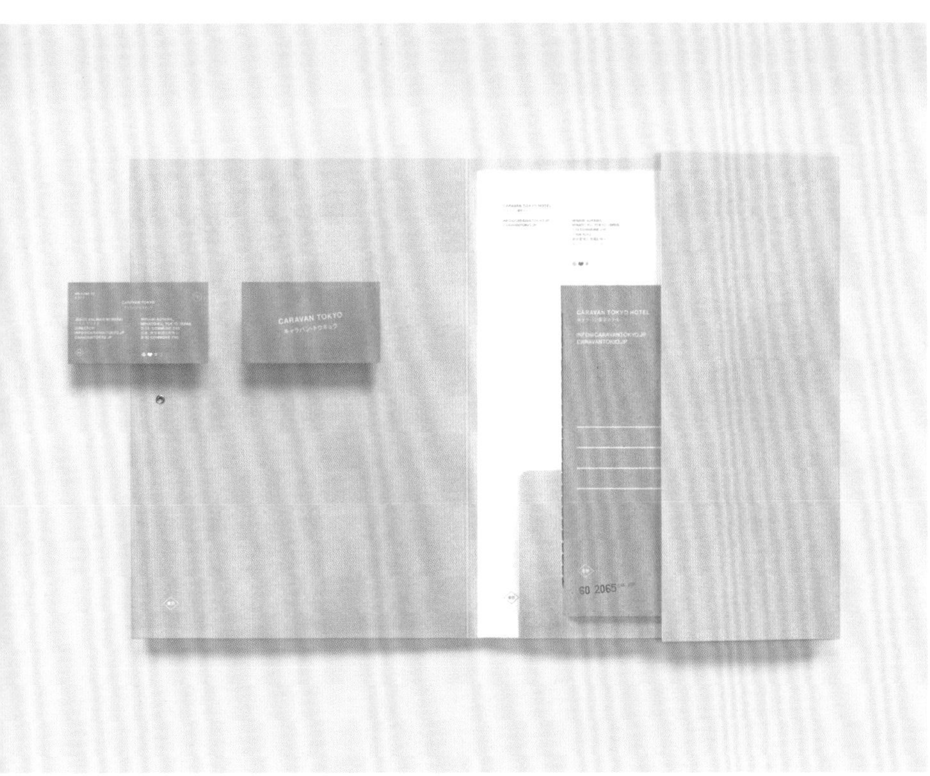

东京小巴旅馆

东京，日本

CARAVAN TOKYO
キャラバン•トウキョウ

ID & IN Anagrama　**PH** Caroga Foto　**CL** 东京小巴旅馆

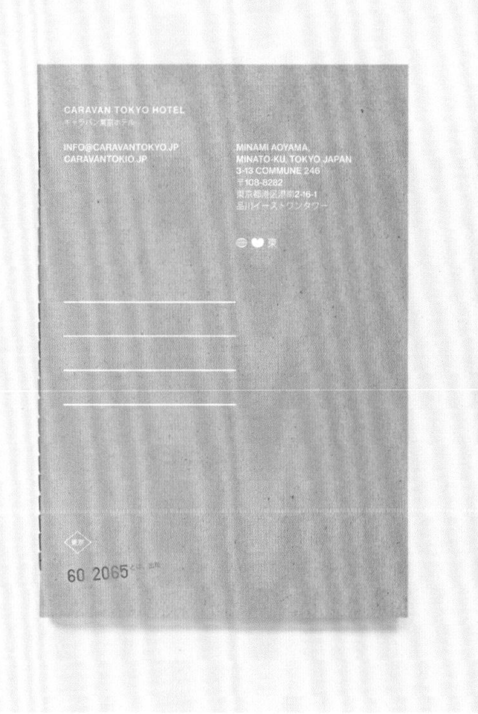

东京小巴旅馆（Caravan Tokyo）是一家以老式拖车为主体的移动旅馆。这种革新风格的巴士旅馆，则可以带领游客在环绕城市的过程中体验一种特殊的观光之旅。受日本视觉文化和F1赛车的启发，Anagrama以简洁性与功能性为设计理念为东京小巴旅馆打造了一套品牌形象设计。正如您所看到的，老式拖车、促销物品及品牌附属品上的小型图标，以简约的视觉风格表现了日本文化的价值与特色;而纸板棕、淡灰色及白色之间的微妙组合，也在美学层面上构成了东京巴士旅馆的装饰性色彩。Anagrama的品牌塑造方法充分体现了日本现代设计的艺术精髓，这种简洁、美观的视觉表现形式能够从一种最实用和最直白视角来与观众形成心理上的共鸣。

SHAMPOO
シャンプー
CONDITIONER
コンディショナー
SOAP手の石鹸
CARAVAN TOKYO
キャラバン・トウキョウ
TOOTHBRUSH
歯ブラシ
CARAVAN TOKYO
TOOTHBRUSH
歯ブラシ

CARAVAN TOKYO
キャラバン・トウキョウ

東

CARAVAN TOKYO
CARAVAN TOKYO
キャラバン・トウキョウ

罗伊德旅馆

新加坡

LLOYD'S INN

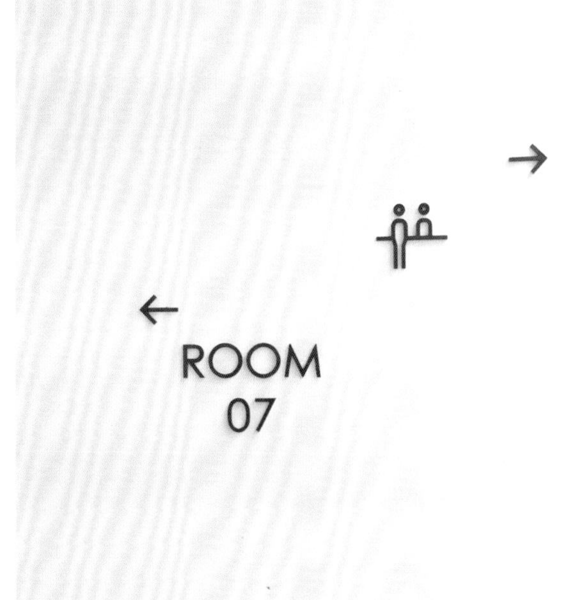

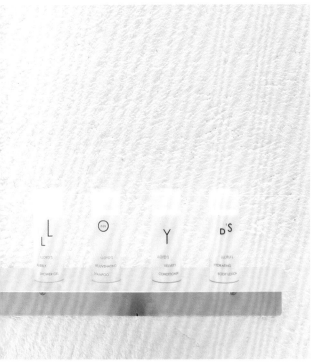

"世界上没有两个完全一样的人"是罗伊德旅馆（Lloyd's Inn）在经营过程中强调共享价值理念的思想依据——以天然材料及思考性的方法将共享价值理念散布于旅馆的每一屋檐之下。FARM为其设计的标志充分体现了罗伊德旅馆的企业精神，而标志上运用的每一个字母，也都以大小不一的尺寸及参差不齐的对齐模式，形象化地表达了旅行者多样的个性风采；然而从另外一个角度而论，该标志的字母大小无论看似有多么不尽相同，它们中的每一个个体都始终统一于标志结构的整体之中，这种设计手法映射了旅客个性中的共性体验。此外，罗伊德旅馆的室内装饰设计也是由FARM一手打造的，为了体现城市、旅馆、自然与旅客之间的关系，FARM以天然材料来使空间呈现出自然感。

LLOYD'S
INN

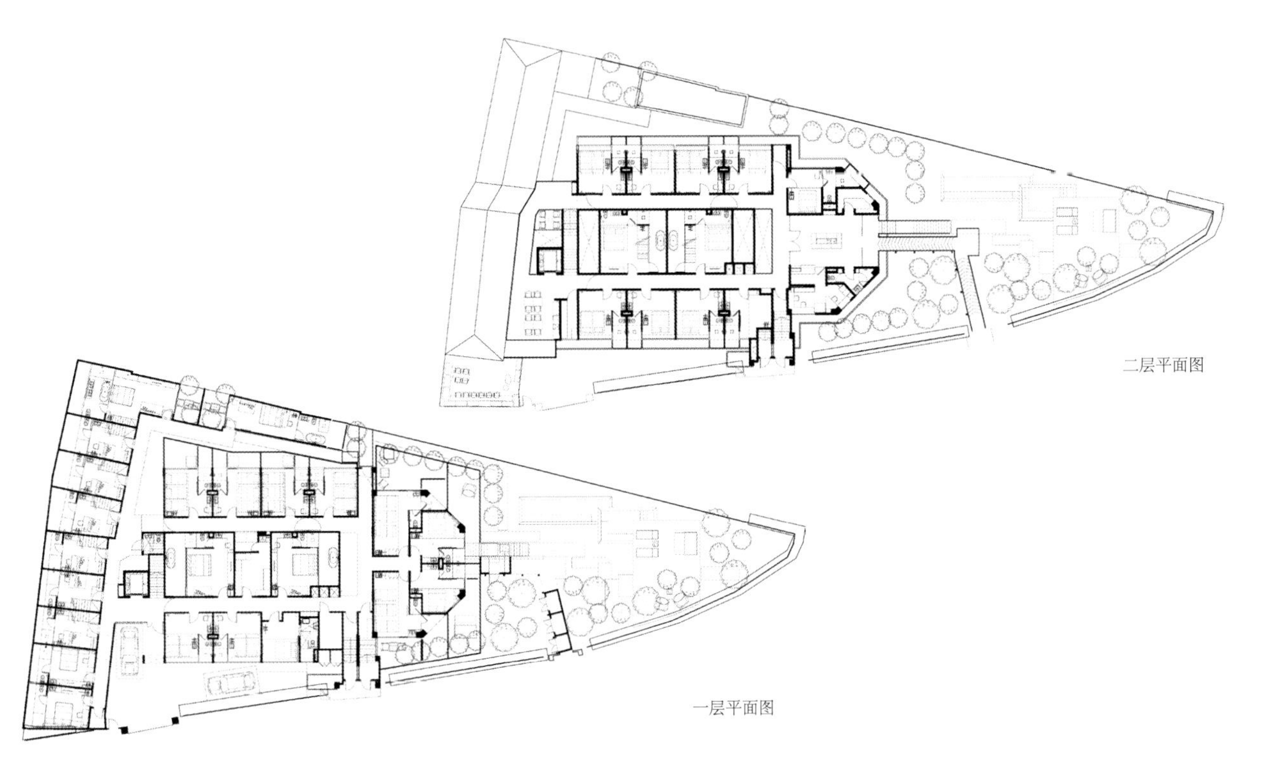

二层平面图

一层平面图

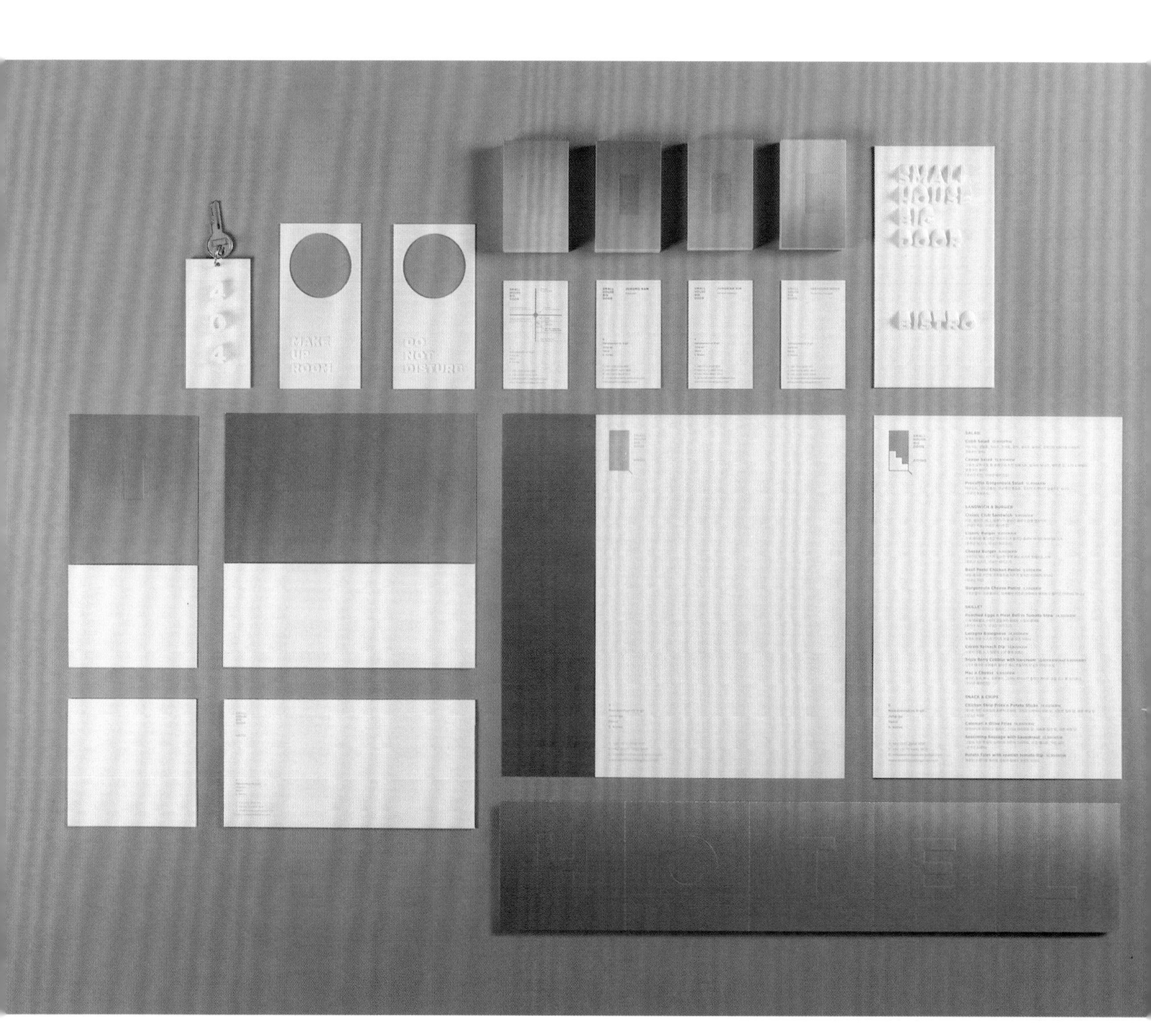

小屋大门酒店

首尔，韩国

ID & IN DESIGN METHODS **CL** 首尔小屋大门酒店

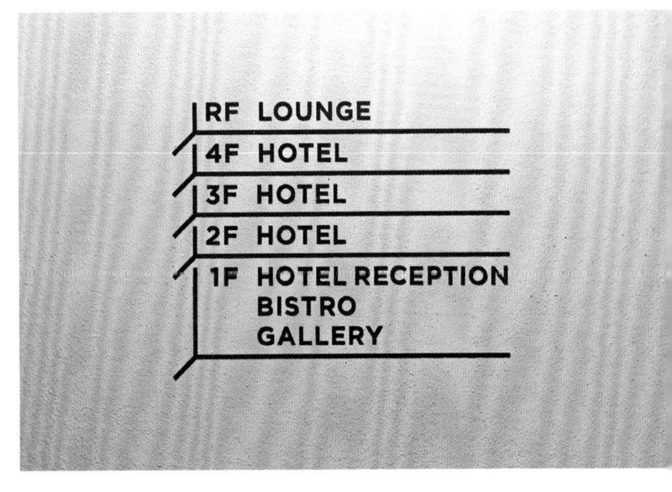

小屋大门酒店（Small House Big Door）是一家小型精品旅馆，它隐藏于首尔著名商业区明洞的小巷之中，位于20世纪60年代建成的商业大楼之中。图中所展示的形象标志，是DESIGN METHODS模仿小门形态并结合黑白色彩搭配所设计的，这种表现手法能够以一种反讽的姿态来与其他酒店的品牌形象形成竞争。以简约的附属品设计形式来展示酒店空间内的画廊、酒吧和休息室，而酒店大厅则以相应的开源式家具和独特的3D打印标志牌进行装饰。此外，标志牌上的数字是按照不同的角度设置的，这样设计的目的就是使顾客能够在任何一个特定的角度下，都可以识别出数字所传达的信息，同时使雕刻艺术能够生成一种本质上所不具有的感知效应。

SMALL
HOUSE
BIG
DOOR
GALLERY
WONSEOK
JUNG
THE BIRD

TAKE-OUT
COFFEE

205

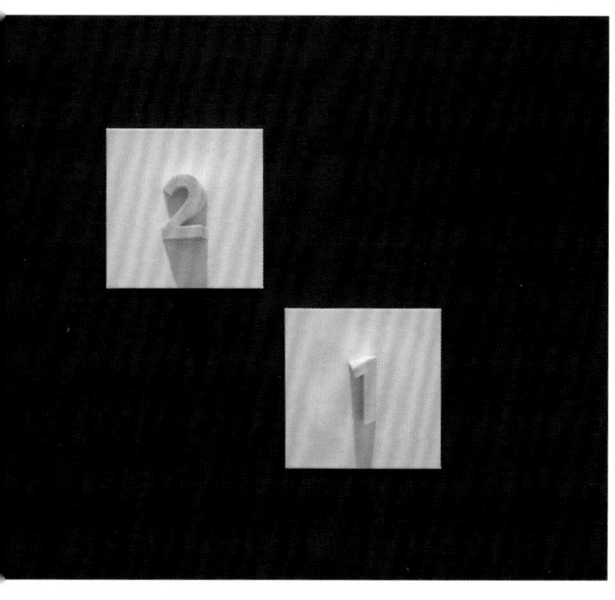
2
1

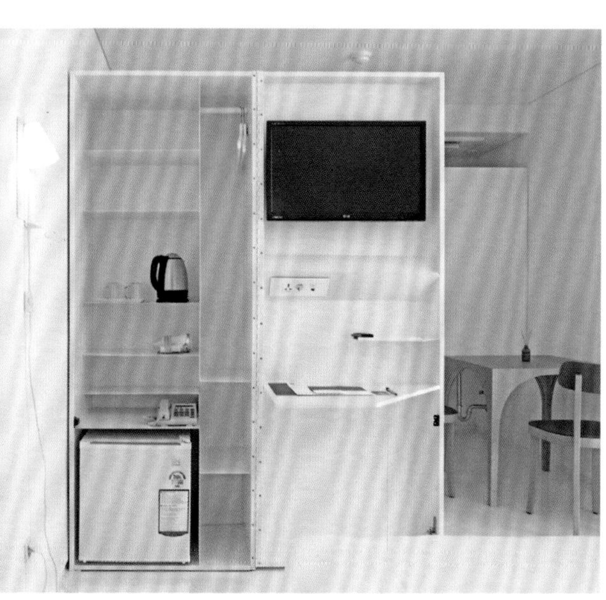

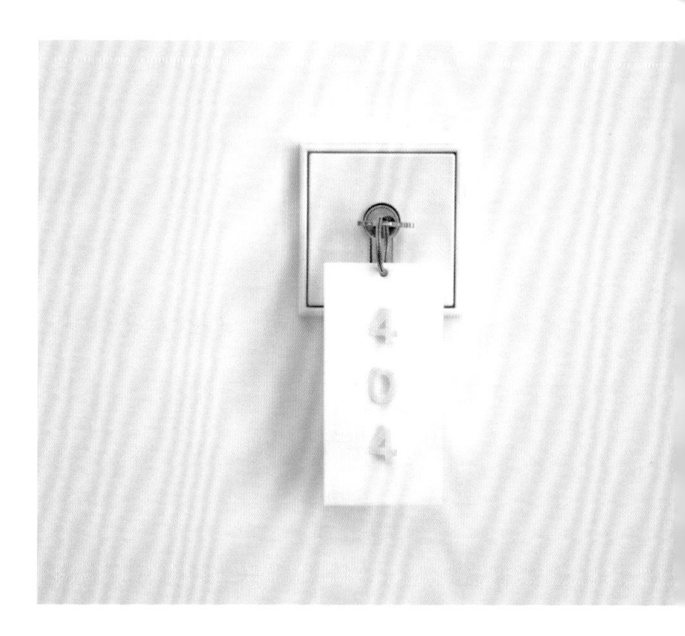
404

赋乐旅居

台北，中国

PROVERBS
HOTEL TAIPEI

ID ADC STUDIO　**IN** 十月设计　**PH & CL** 华泰大饭店集团

赋乐旅居（Hotel Proverbs）位于中国台湾省台北市。该地在18世纪40年代就拥有了规模较大的运河系统和灌溉沟渠，并对城市的发展与繁荣做出了巨大贡献。该酒店的名称是参照西班牙艺术家弗朗西斯科·戈雅（Francisco Goya）的蚀刻版画《箴言》（Los Proverbios）命名的。

该作品所展现的是黑暗且神秘的自然景观。基于此，赋乐旅居的视觉形象是以金琥珀色泽与典雅黑相搭配所设计的，这种表现风格不但歌颂了弗朗西斯科·戈雅的艺术风范，也突出了奢侈生活及当代设计潜在的一种精神品质。此外，这种配色模式不仅被应用在了印刷附属品、引导指示牌及品牌标志等各种形式的载体之中，而且还用在了黑色丝布、天然木料及皮革等各种装饰素材上。

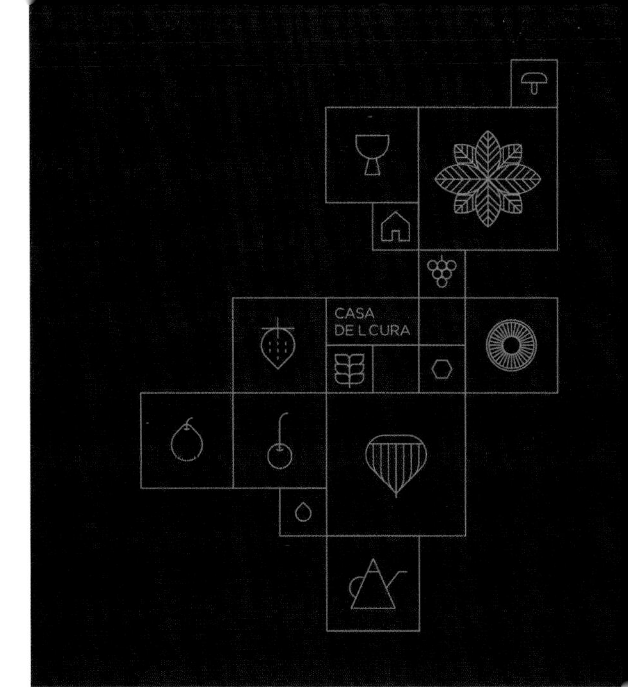

卡萨库拉酒店

山后-上杜罗省，葡萄牙

CASA
DE L CURA

ID 米格尔帕梅洛设计公司　**IN** 卡萨库拉酒店　**AR** 若昂 · 卡洛斯 · 桑托斯　**PH** 米格尔帕梅洛设计公司　**CL** 卡萨库拉酒店

卡萨库拉（Casa de L Cura）意为"牧师之家"。卡萨库拉酒店是位于葡萄牙上杜罗省热尼西奥村的一家小型酒店。卡萨库拉酒店在社区中所扮演的角色就如同一位牧师，因为它能在日常生活的狂热与平静状态间，发挥一种难以取代的中和作用。米格尔帕梅洛设计公司（MIGUEL PALMEIRO DESIGNER）是该酒店品牌形象的总设计公司，而它创作的视觉标志，就是由"房子""小麦"及"酒"这三个典型基督教堂的特征元素组成的，将其置于小型方格的版式构图中打造出其他的象形图样。米格尔帕梅洛设计公司采用了相同的配色和风格来进行表现。这些图形元素以简约的视觉语言传达了酒店内所设有的服务和产品。此外，格状的版式是以不同的结构所排列的，其视觉图像不仅被雕刻在了酒店的墙壁及指示图标上，而且被应用在了酒店的系列产品及装饰要素之中。

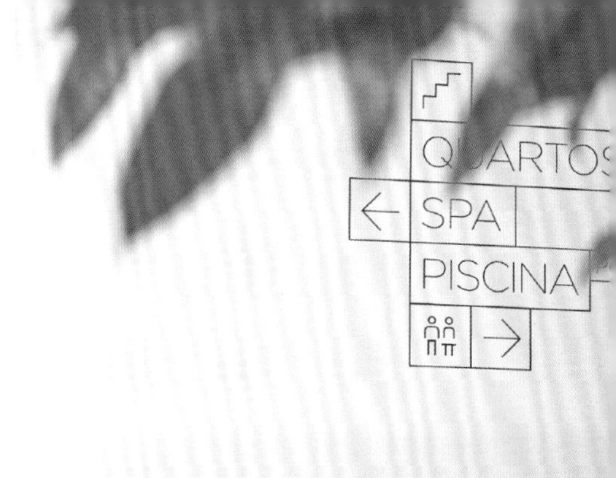
QUARTOS
SPA
PISCINA

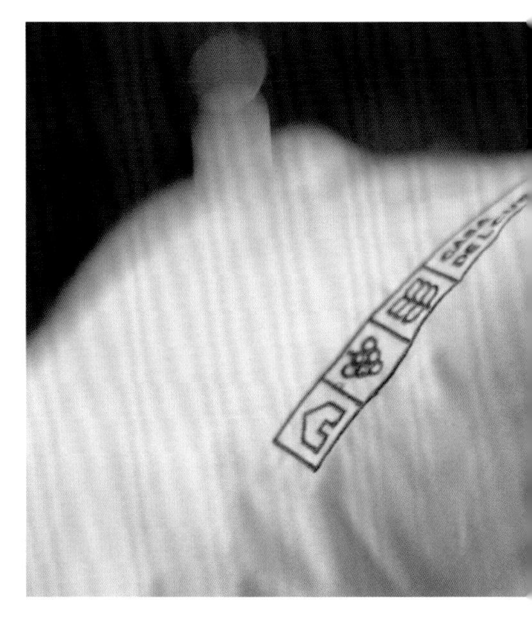

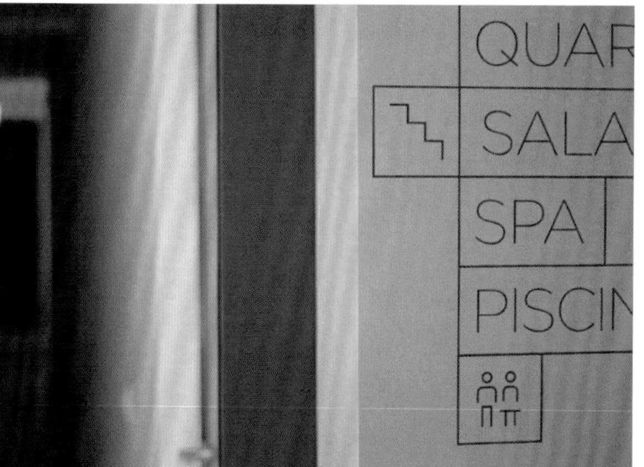
QUAR
SALA
SPA
PISCIN

6

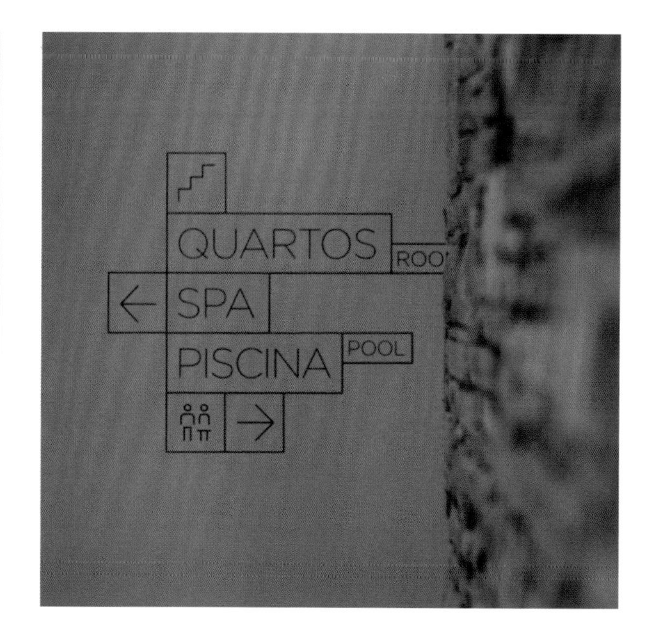
QUARTOS
ROO
SPA
PISCINA
POOL

SPA
PISCINA
POOL

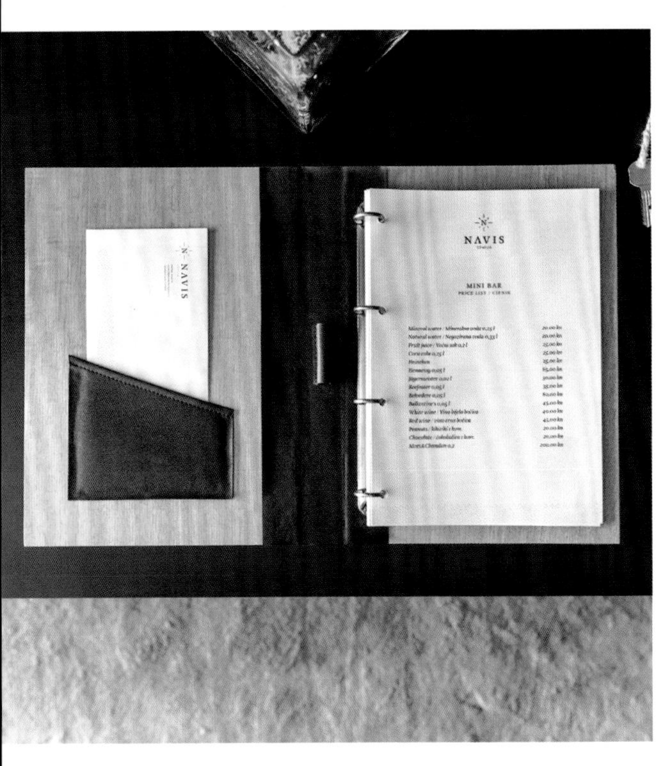

纳维斯酒店

奥帕蒂亚，克罗地亚

ID 迪利波罗维科工作室　**PH** 托米斯拉夫 · 莫泽　**CL** 纳维斯酒店-克罗地亚

“纳维斯”（Navis）意为“船舰”。纳维斯酒店是位于普雷鲁克海湾悬崖绝壁上的一家精品酒店（注：普雷鲁克海湾即 Preluk Bay，其位于亚得里亚海与克罗地亚沿海相交的最北点）。受纳维斯酒店特殊地形的启发，迪利波罗维科工作室（Studio Dilberovic）将定位的理念融入了酒店的品牌形象设计之中。正如您所看到的，酒店的标志设计就好像是一个指南针，而置于中间位置的大写字母“N”则代表着该酒店位于海洋北部；房间号码是按照GPS坐标系统的风格所设计的。而蓝白相衬的色彩组合和独具特色的木制钥匙链，分别表现了纳维斯酒店所身处的海洋环境和该酒店浮出水面之后的形象特征。海洋的地理方位及相应的设计风格，使得纳维斯酒店深深地印入了人们的心中。这种创作形式不仅能让旅客了解到该酒店背后的奇闻异事，而且能使酒店成为他们旅行中最美好的回忆。

巴黎OFF酒店

巴黎，法国

ID 4autre, You talking to me　**IN** Seine Design, Interware (套房2间、大堂与餐厅)　**CL** 雅莉格丝酒店

巴黎OFF酒店（OFF Paris）作为漂浮在塞纳河之上的第一家城市酒店，为巴黎河边地区带来了无限的光彩。伴随着塞纳河两岸叹为观止的景观，酒店建筑外立面的玻璃顶盖及玻璃窗反射的自然之光，使得透亮的空间显得十分壮观。在这样一种环境之中，人们可以充分享受一种纯粹且特别的塞纳河之旅。此外，为了扩建巴黎OFF酒店的可利用空间及提高酒店室内外的互通性，Seine Design设计了四条进出通路，从而来疏通游客活动的动线。如图所示，酒店永恒且高雅的品质，仿佛使得巴黎这座城市真的漂浮在了塞纳河的水面之上，这无疑是由可持续性材料（如木料、黄铜、皮革、玻璃、锌等）与风格一致的配色方案融合而成的。

HOTEL AUSTERLIT

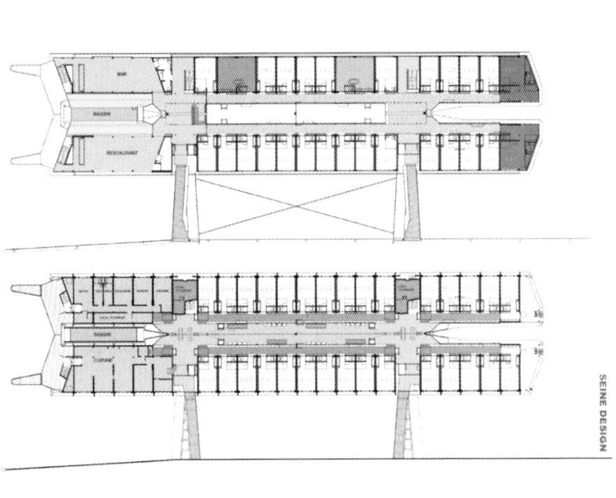
SEINE DESIGN

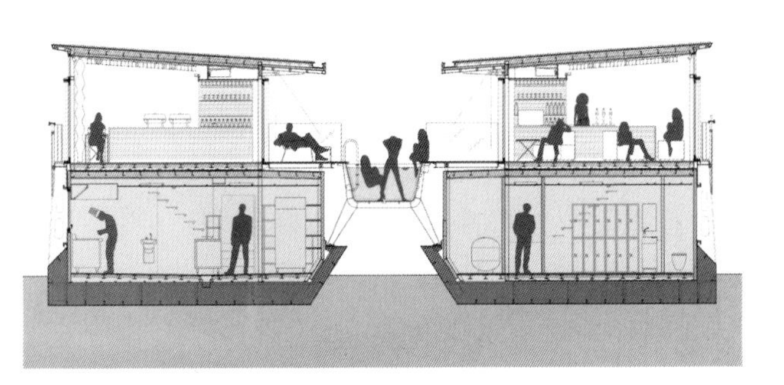

罗比酒店

芝加哥，美国

THE
ROBEY
CHICAGO

ID 加瓦思 · 莱恩设计工作室 **IN** 尼古拉斯 · 斯古吉布鲁克，马克 · 麦克斯
AR 尼古拉斯 · 斯古吉布鲁克 **PH** 艾德里安 · 高特 **CL** Grupo Habita

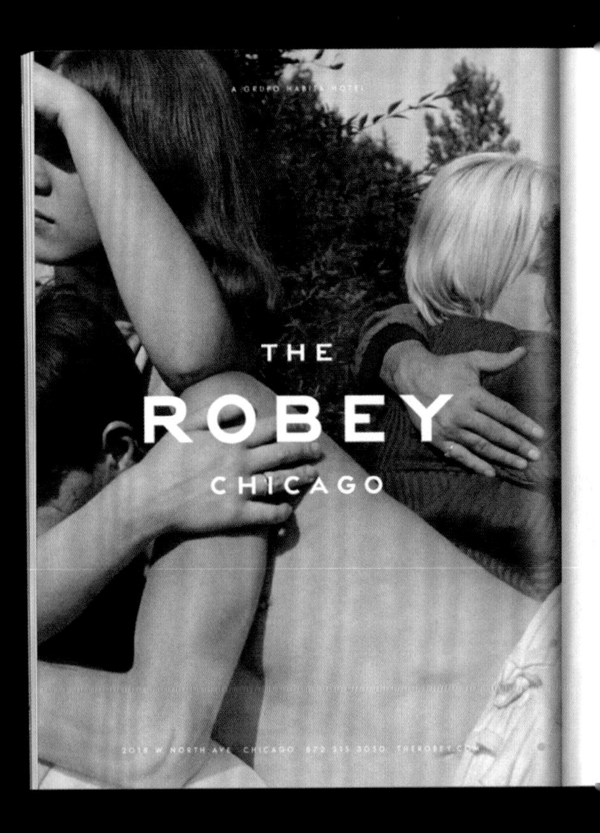

罗比酒店（The Robey）的名字源于美国罗比大街（Robey Street），而它在芝加哥1926装饰风格的建筑群落当中（芝加哥最有名的地标群之一），则以一种独特的装饰风貌突出了芝加哥这座城市的文化精髓。基于装饰艺术风格的特点。罗比酒店的品牌附属品以一种简约的设计形式展现了该酒店在美国发展中的成长与经历，而那种典雅的建筑风格，也在某种程度上展现了罗比酒店在美国现代社会中所树立的一种人文姿态。基于视觉及语言识别系统，加瓦思·莱恩（Javas Lehn）为罗比酒店打造了一个形象化的字体标志，而该作品新潮的设计形式也为罗比大街原有的指示牌赋予了一层现代风格的装饰色彩。罗比酒店的标志字体，是在保罗·伦纳（Paul Renner）早期所书写的Futura字体的灵感启发下设计而成的，为了将其设定为罗比酒店自己专属的品牌文字，该字体已被命名为“Robey Sans”。

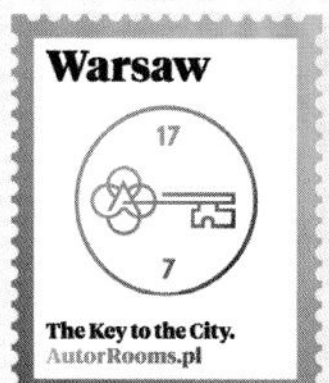

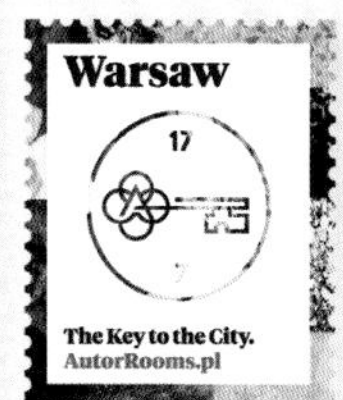

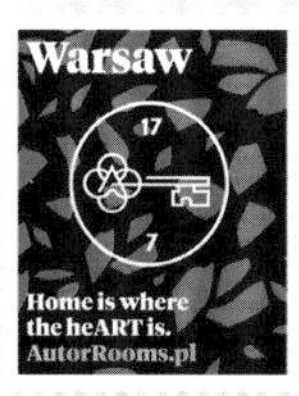

亚瑟旅馆

华沙，波兰

ID Mamastudio　**IN** 马特乌什 · 鲍米勒　**室内装饰** 玛丽亚 · 杰林斯卡　**Illustration** Ola Niepsuj (4 seasons in Warsaw)

亚瑟旅馆（Autor Rooms）是一家与众不同的精品旅馆，因为它可以让旅客仅通过一把"城门钥匙"，就能在此体验 场真正的华沙之旅。亚瑟旅馆由Mamastudio设计并创办，而它的酒店标志则与其工作室的标志一样，都是由一把黑白混合的钥匙并配以大写字母A所交错而成的。亚瑟旅馆的大厅内陈列着丰富的品牌形象及艺术品，该酒店这样装饰的目的就在于吸引那些渴望在真实情境中去了解当地或全球文化的游客。品牌形象的色彩模式是以铜黄色与海蓝色相搭配为视觉主体的，这种将古代与现代相混合的艺术风格，则能够无形地揭开华沙自古至今覆盖着的神秘面纱。

AUTOR
ROOMS

Home is where the HEART is

Home is where the heart is
AUTOR
ROOMS

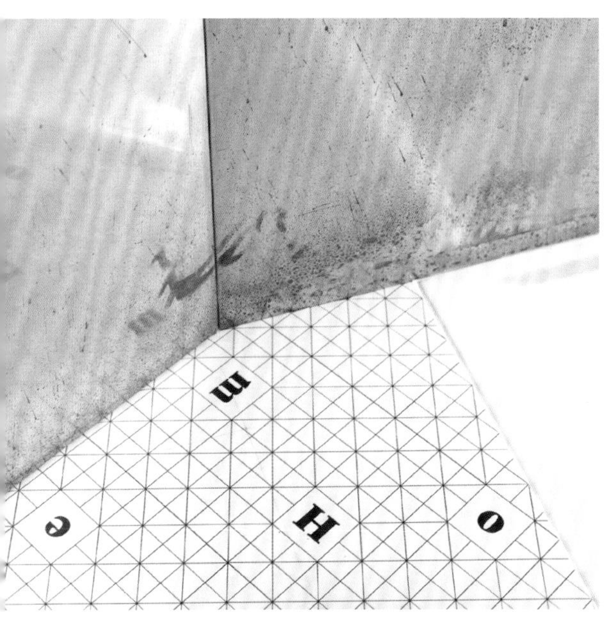

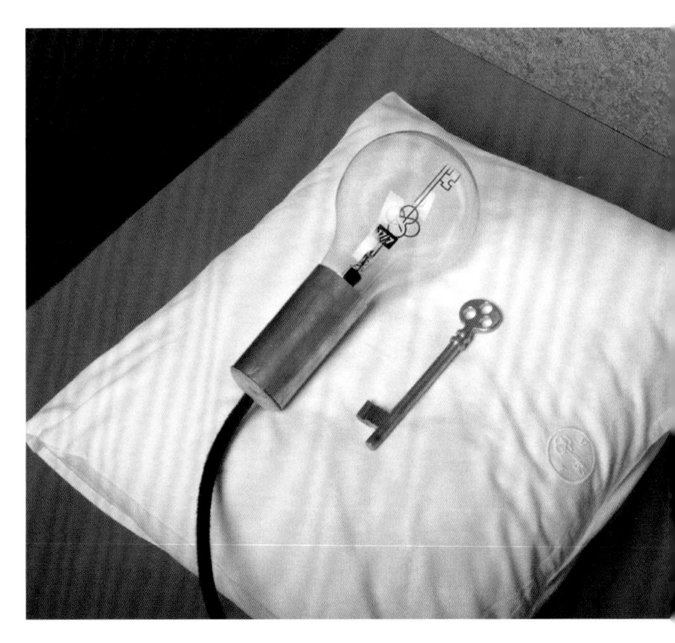

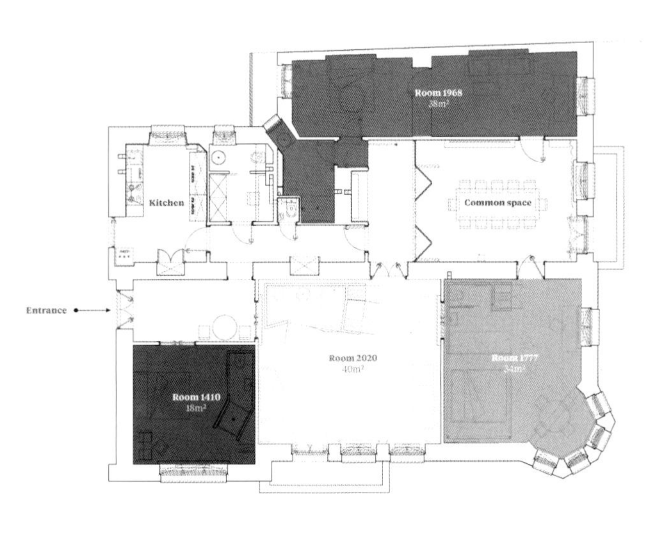
Room 1968
38m²
Kitchen
Common space
Entrance
Room 2020
40m²
Room 1777
34m²
Room 1410
18m²

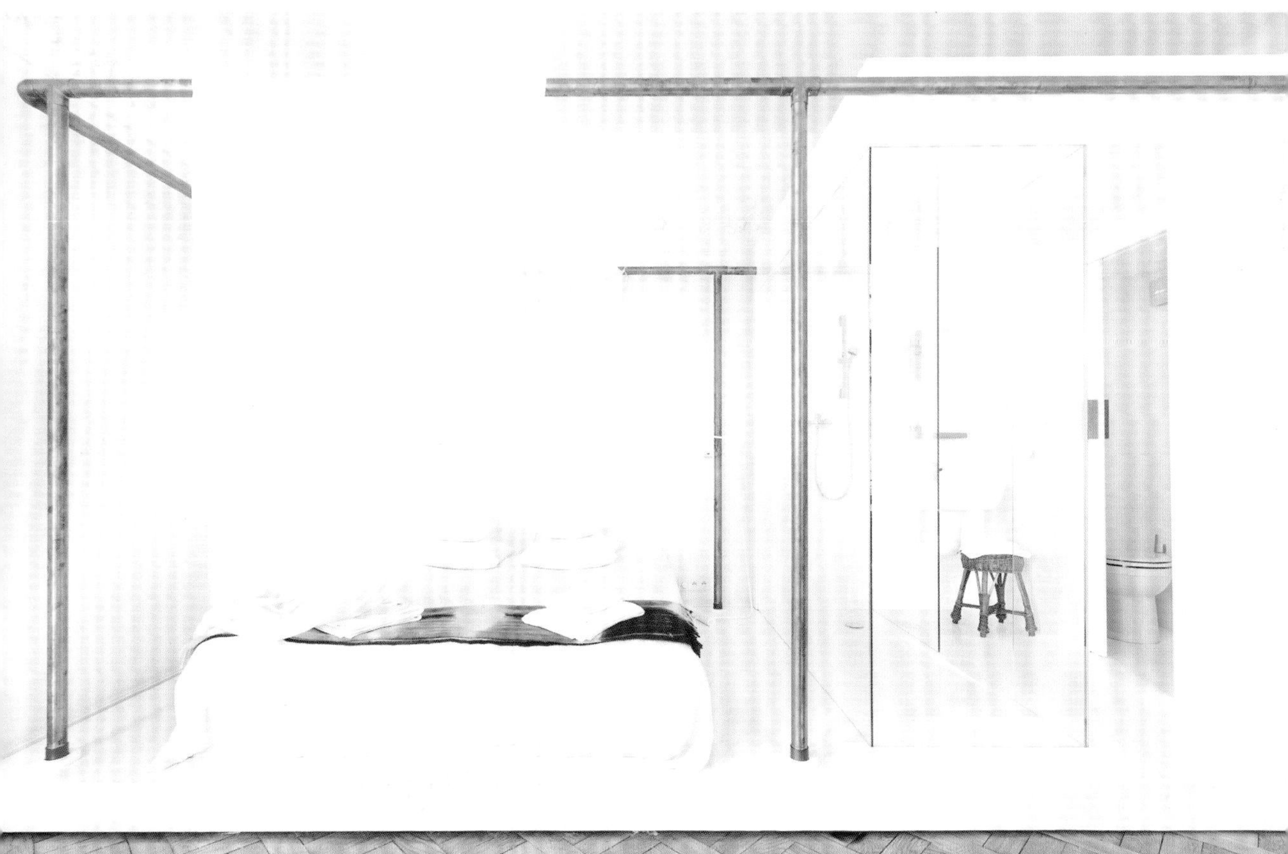

鲁姆布达佩斯酒店

布达佩斯，匈牙利

ID 埃斯特 · 洛基　　**IN** 茹然瑙 · 克尔特斯　　**PH** 丹尼尔 · 莫纳尔，塔马斯 · 布杰诺弗斯基

坐落在早期文艺复兴建筑群中的鲁姆布达佩斯酒店（Hotel Rum Budapest），以它独特的装饰房间和家具配件保持着其原有的亲密氛围。鲁姆酒店的图形标志，是由著名设计师埃斯特·洛基（Eszter Laki）创作的。他所采用的表现形式充分反映及提升了鲁姆酒店的建设架构与室内装饰。单色风格的几何标志，以清晰的结构映射着酒店房间内所陈列的黑色金属家具，简约且功能性极强的标志系统，则以一种黑白搭配或金色的动态数字，在酒店的空间中发挥着微妙的导向功能。阴暗区域的荧光涂料，使得酒店的文字信息突显出来。品牌形象所具有的魅力和古怪感，反映了洛基的设计在尊重建筑遗产的同时，更无形中带出了一种时尚现代感。

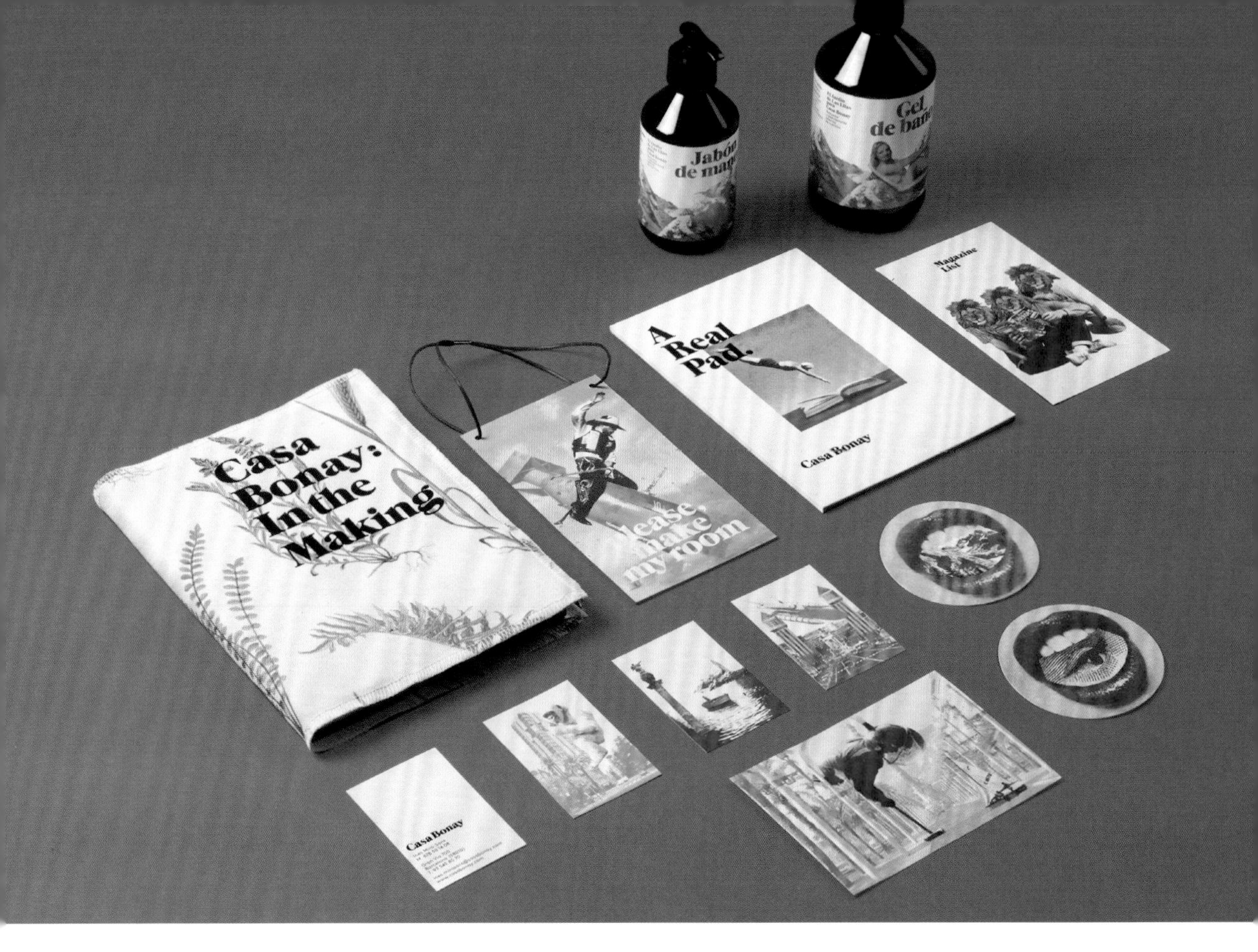

卡萨博馁酒店

巴塞罗纳，西班牙

Casa Bonay

ID Mucho **IN** Studio Tack **CL** 卡萨博馁酒店

卡萨博饭酒店（Casa　Bonay）位于西班牙巴塞罗纳，是当地人于19世纪建立的一个具有新古典主义风格的特色酒店。卡萨博饭酒店多年来一直将自己的历史价值作为精神之魂，而Mucho为了打破这种思想的束缚和局限性，为其打造了一个纯粹的当代图形标志，进而为该酒店的打造了一个自由奔放的品牌形象。如图所示，包罗万象的视觉识别系统，是以拼贴语言的创作形式来表现的，而收集来的各种人物图像则在对比视角下形成了一种层次感。双色的图形叠加及古怪的颜色组合，使得Mucho的拼贴艺术成功地传达了巴塞罗那这座城市的幽默之感，这种设计手法也在某种程度上赋予了卡萨博饭酒店一种特性化的精神品质。

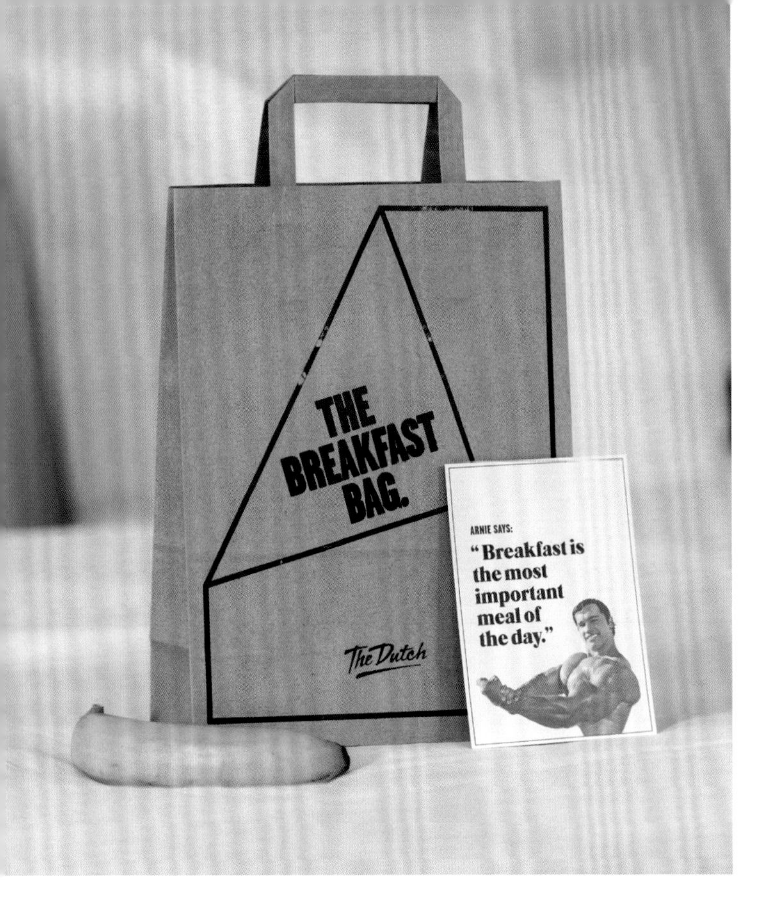

荷兰酒店

马斯特里赫特, 荷兰

ID Ontwerpbureau Reiters **IN** Ontwerpbureau Reiters, Talco design **PH** 盖伊 · 霍本 **CL** 双峰服务业集团

荷兰酒店（Hotel The Dutch）坐落于马斯特里赫特韦克区（Wyck district）的联排别墅群中。该旅馆以一种活力十足的个性品位满足了现代旅行者的需求。为了赋予该酒店的寄宿环境更多的艺术性，Ontwerpbureau Reiters以精妙的设计手法打造了一个具有20世纪80年代的热带风情的装饰空间和视觉形象。如图所示，酒店附属品及产品设计的特征图形，以一种生动的形象带领顾客追溯了当地民众很多年前的怪异生活（如有氧健身操、古典美女模特等）；而冲浪者及阳光沙滩的图片在与浅粉、淡蓝及薄荷绿这三种淡彩相组合之时，其品牌所辐射的热带气息便使顾客感觉十分舒适与放松。

The Dutch

HANGOUT OPENING SOON.
ROOM 04-07
THE HANGOUT
ROOM 61-69
ROOM 01-03 »
« ELEVATOR TO ROOM 11-55

Focus My Beauty

ROOM
61-69
SMEG
The Dutch

The Dutch

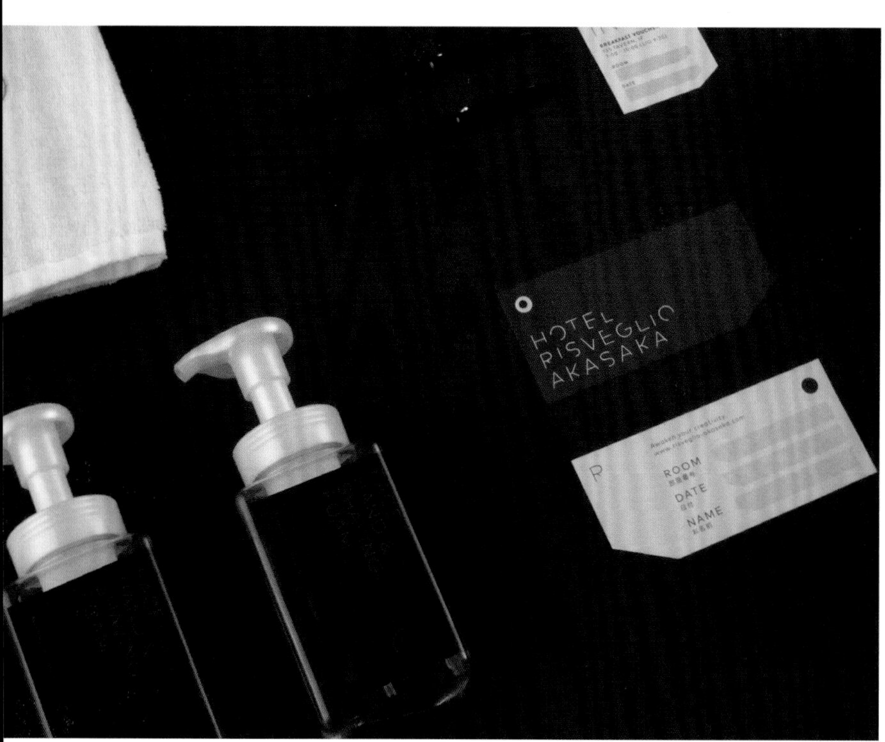

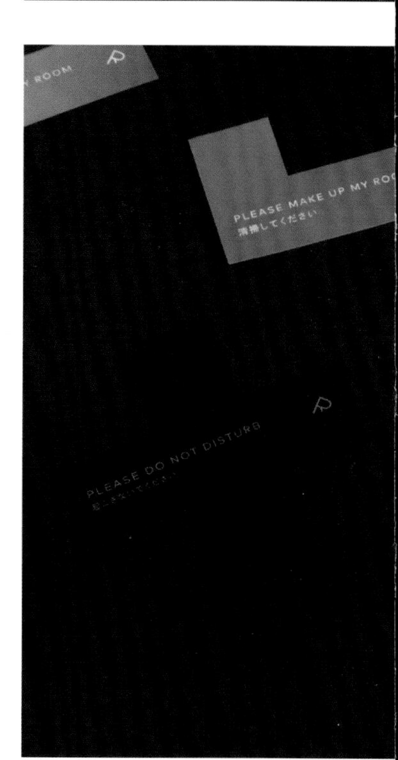

赤坂觉醒酒店

东京，日本

HOTEL
RISVEGLIO
AKASAKA

ID artless Inc.　**IN** 关根 · 伊藤　**PH** 合田裕子 · 川上 artless Inc.　**CL** Atrium Co., Ltd., 绿色服务管理有限公司

"Risveglio"在意大利语中意为"觉醒"，而赤坂觉醒酒店（Hotel Risveglio Akasaka）以该词语而命名，其目的就在于通过"未竟之美的设计"理念来点燃顾客的艺术激情。赤阪觉醒酒店的每一间卧室的都是以日本艺术家的原创油画来点睛。artless公司为了将"觉醒"的理念以一种视觉化的形式来呈现，在引标志牌及附属产品的界面上设计了一系列的残缺字母，并通过这样一种自定义的字体来诠释未知可能性。此外，为了吸引广大的年轻客户，酒店大厅的中央还订制了霓虹彩灯（其名为"木月"），当旅馆接收到当天的天气预报之时，霓虹灯则会以与之相对应的图标闪烁出最为确切的气象信息。酒店的整体形象是以黑色与金色为主体颜色的，这种视觉风格表现出一种难以表达的成熟感与亲切感。

HOTEL
RISVEGLIO
AKASAKA

P

R

408

STAFF ONLY

4

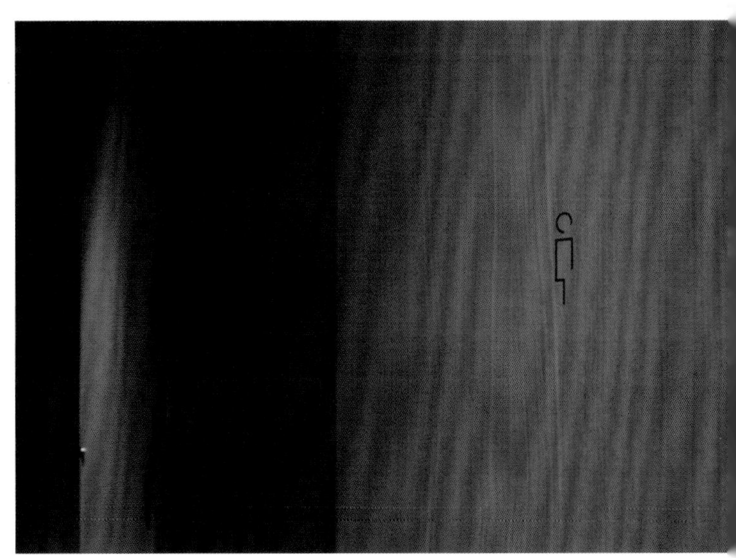

甘乐酒店

京都，日本

hotel
kanra
kyoto

ID artless Inc.　　**AR & CL** UDS Ltd.

甘乐酒店（Hotel Kanra）位于日本的古都京都市。该旅馆能够完美兼顾现代与传统的风貌，从而来表现东京这座城市的美感与智慧。artless公司为京都甘乐酒店设计的视觉形象和标志牌，是基于日本"典雅古朴"的审美哲学，这种思想理念的精髓，也在其标志、小写字母、象形图标及红、黄、黑三色搭配的附属产品中充分体现出来。如图所示，所有装饰材料上的文字信息都是以日英双语模式书写的，而artless公司采用这样一种表达形式，其目的就是突出日本精髓文化的同时，从国际化的视角来塑造京都甘乐酒店的品牌形象。

hotel
kanra
kyoto
1
kanra lounge
1
kanra spa
B1
鉄板料理
B2
THE KITCHEN KANRA

hotel
kanra
kyoto

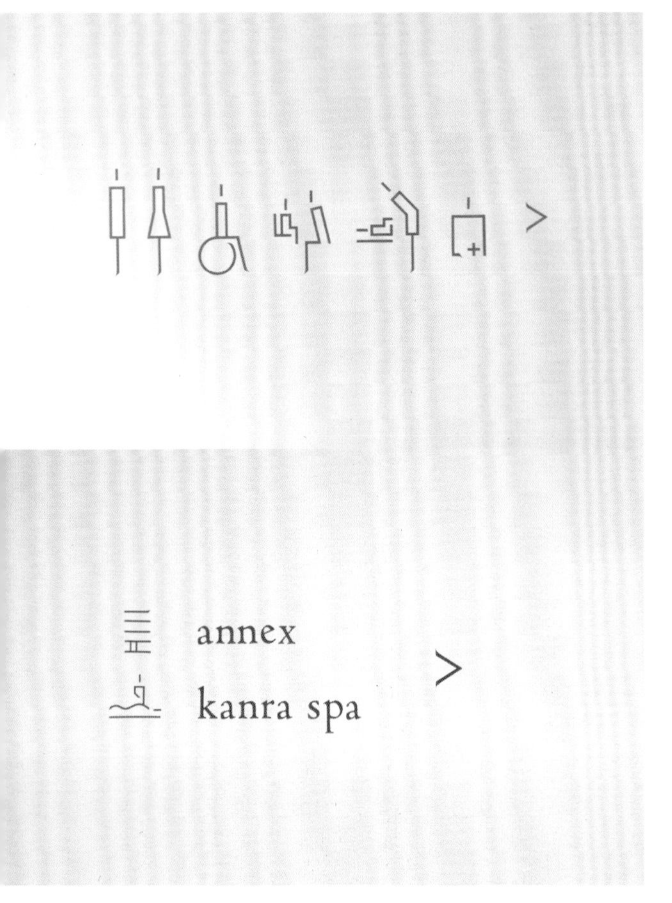
annex
kanra spa

417

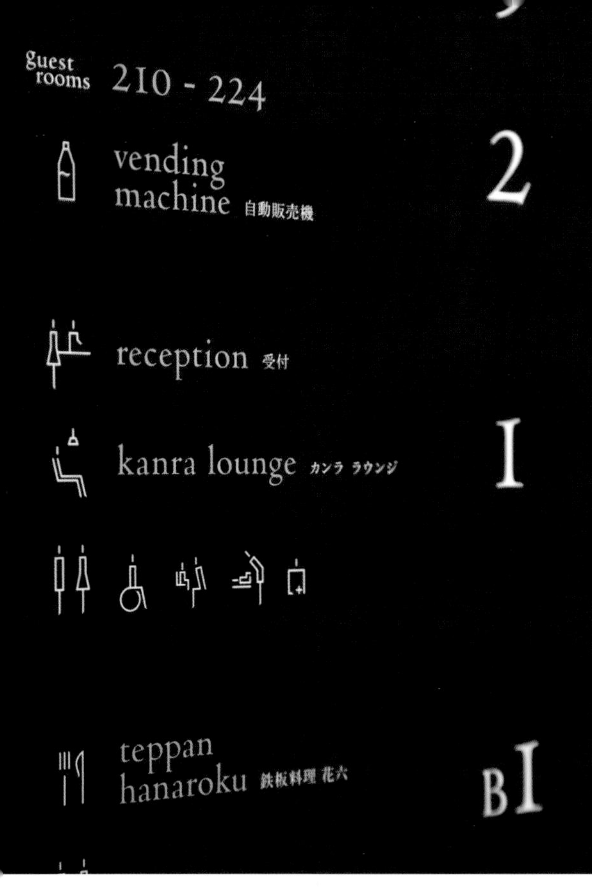
guest rooms 210 - 224
vending machine 自動販売機
2
reception 受付
kanra lounge カンラ ラウンジ
1
teppan hanaroku 鉄板料理 花六
B1

B2

men

smoking room

塞克尔酒店

尾道，日本

HOTEL CYCLE

HIROSHIMA ONOMICHI

ID UMA/design farm **IN** SUPPOSE DESIGN OFFICE **PH** Toshiyuki Yano **CL** DISCOVERLINK SETOUCHI Inc.

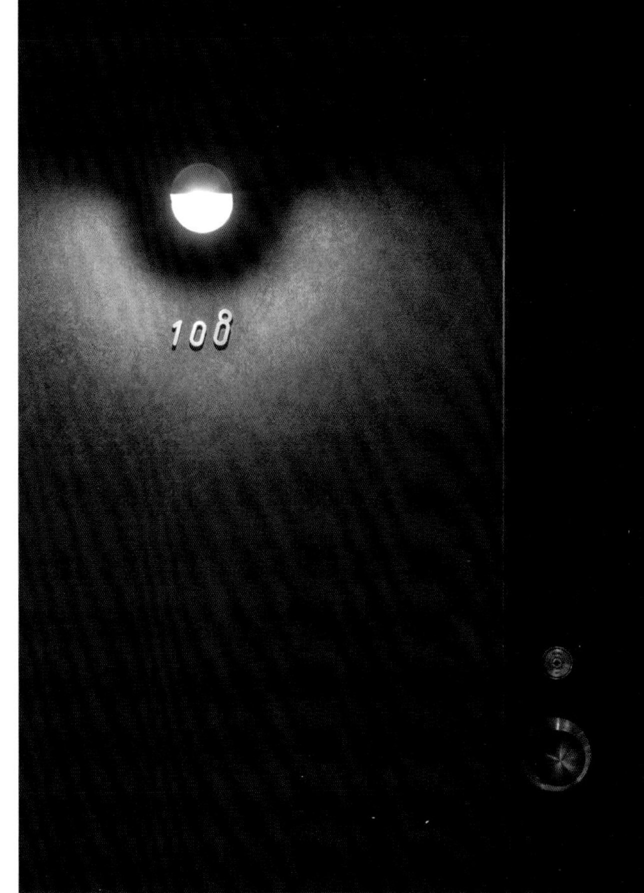

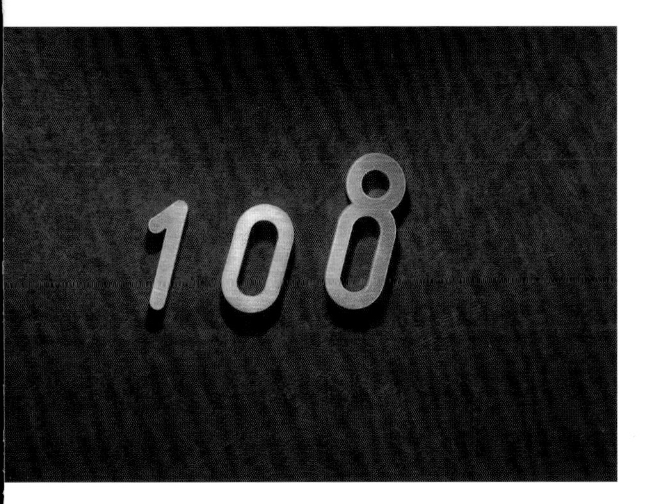

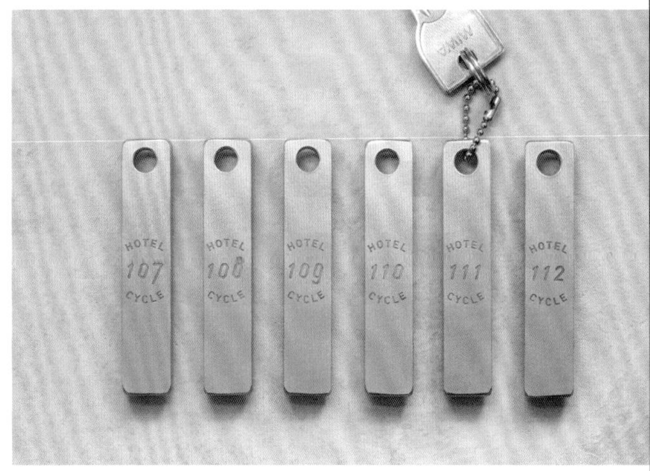

塞克尔酒店（Hotel　Cycle）的前身是一个海上仓库。该酒店经过多年的发展，现已从原始的形态转变成了一个集面包店、咖啡厅、餐厅、单车店及旅游住宿的综合性酒店。塞克尔酒店是骑行爱好者的天堂，它位于日本尾道市的海滨地区，距离主城区域约有72千米。如图所示，圆角形态的文字设计是基于单车旅行的灵感所创作而成的。这种艺术风格意在突出一种从容不迫的生活节奏，以及呼吁人们远离繁华都市的纷乱喧嚣。此外，为了追溯塞克尔酒店之前的工业属性，该旅馆的指示牌和钥匙链都是统一采用黄铜材料制作而成的，而酒店整体环境的黑金色彩，以一种深沉的视觉语言映射了这座城市所具有的一种倦怠感和庸俗感。

HOTEL CYCLE
209

PLEASE
MAKE UP
MY ROOM
清掃してください

DO NOT
DISTURB
PLEASE
起こさないでください

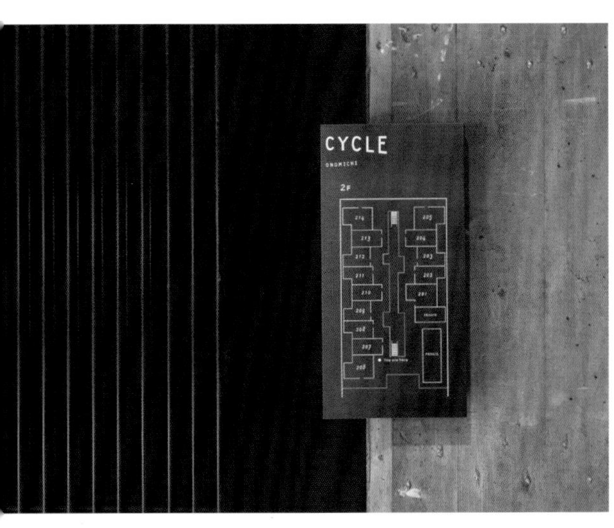
CYCLE
2F

LAUNDRY
&
VENDING
MACHINE

学生酒店
马特朱利亚酒店
米赫尔伯格酒店
卡萨库克罗兹酒店
沃霍利休闲公园旅馆
哈娜尔酒店
东京书香入梦旅馆
麦尖青年文艺酒店
杂志公寓酒店
降落伞酒店
玛格达斯酒店
奥德松旅馆
阿姆斯特丹城市枢纽酒店
伍尔卢莫卢奥伏洛酒店
柏林比基尼25小时酒店
阿姆斯特丹佐库酒店
瓦伦西亚休闲旅馆
M社交酒店
COO酒店
世民酒店
仓库酒店
杜伯里酒店
羽饰家庭旅馆
玛戈特之家酒店
奥瑟托尔旅舍
收件箱胶囊旅馆
亚历克斯酒店
德罗格酒店
Generator酒店
圣保利顶级酒店
奥考酒店

酒店的形态无法脱离建筑空间的结构而存在，而酒店的形象也无法脱离好的设计来给人们留下深刻的印象。室内设计是一种装饰艺术，它不仅能够美化整体空间的环境，而且可以提升建筑的功能性与价值。因此，越来越多的酒店开始致力于根据自己的特点，追求最有效的室内或建筑设计形式，从而使环境的整体风格变得更为友善、新潮和富有思想。
本章节展示了32个酒店或旅馆的空间装饰设计，其内容不仅可以让您了解好的室内设计和建筑设计是如何提升酒店环境质量的，而且还能够让您了解这两种艺术形式是如何将酒店的整体氛围深深印入顾客记忆之中的。

室内设计与建筑设计

环境空间中的品牌形象

学生酒店

阿姆斯特丹市，阿姆斯特丹西，格罗宁根；鹿特丹，荷兰

THE STUDENT HOTEL

IN & ID …,staat创意工作室　**PH** …,staat, 创意工作室，卡西亚 · 加特科瓦斯卡　**CL** City Living /学生酒店

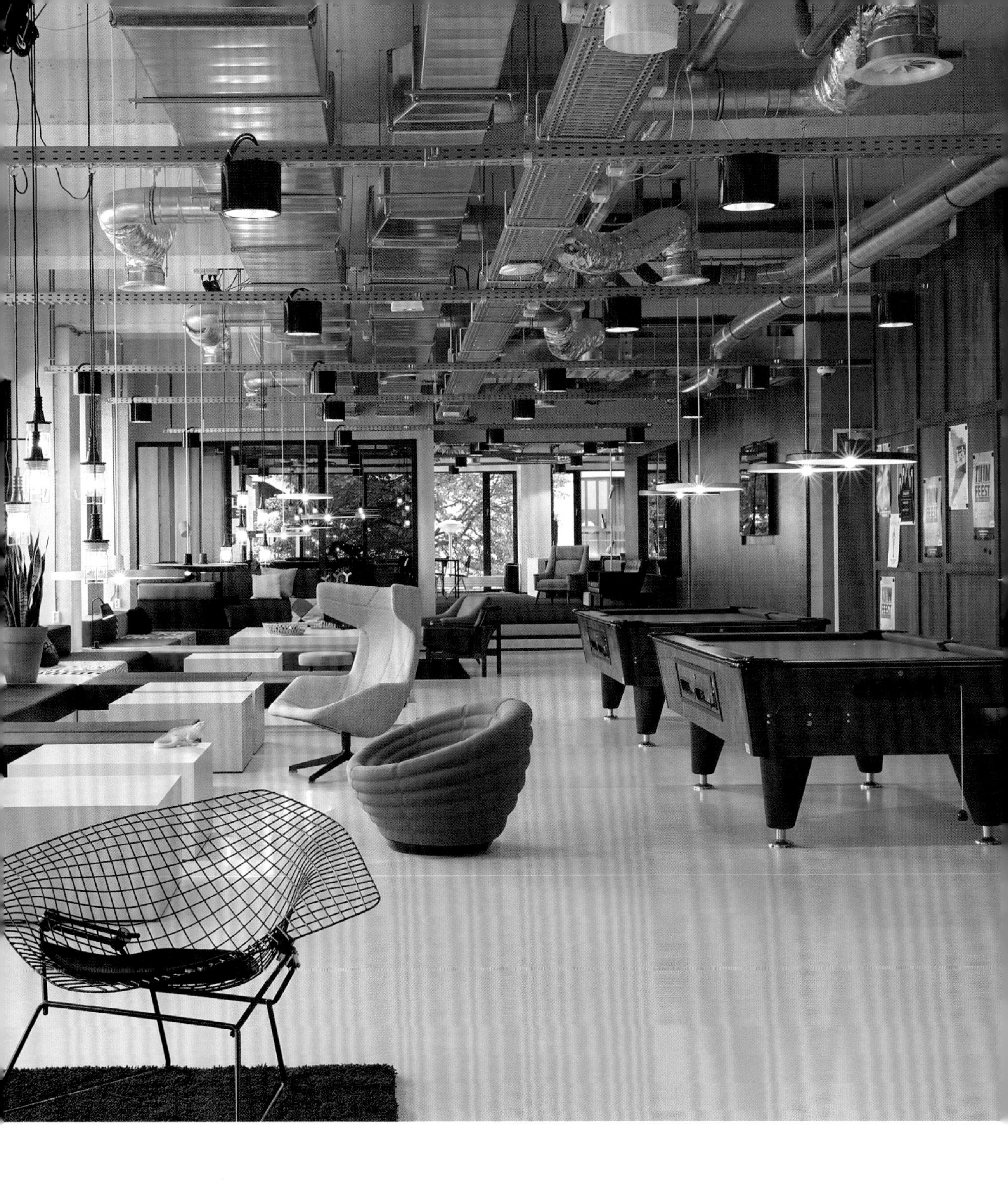

对在校生、实习生及节约型旅游者而言，学生酒店（The Student Hotel）一直是他们心目中最为贴心的“家外之家”。而这种旅馆在当今能够遍布欧洲的众多国家及城市之中，也恰恰是由于这样一种专有的品牌属性。为了使学生酒店的功能性、舒适度及品位能够谱写在一条协调的美学旋律上，…,staat创意工作室围绕多层次的概念，对该酒店的室内空间进行了精致的装饰设计。如图所示，酒店家具的陈列规格反映了酒店第一层概念——舒适性；而走廊壁画、图形标志及鲜亮色彩所组合而成的艺术语言，则以一种时尚大气的风范突出了酒店装饰的第二层概念；霓虹灯装置及活力十足的室内设计是学生酒店最为吸引人的装饰，…,staat创业工作室意在以该酒店的三大支柱——舒适、便利及团体——来在酒店的第三层装饰概念中，为学生营造亲密和谐的社交氛围。

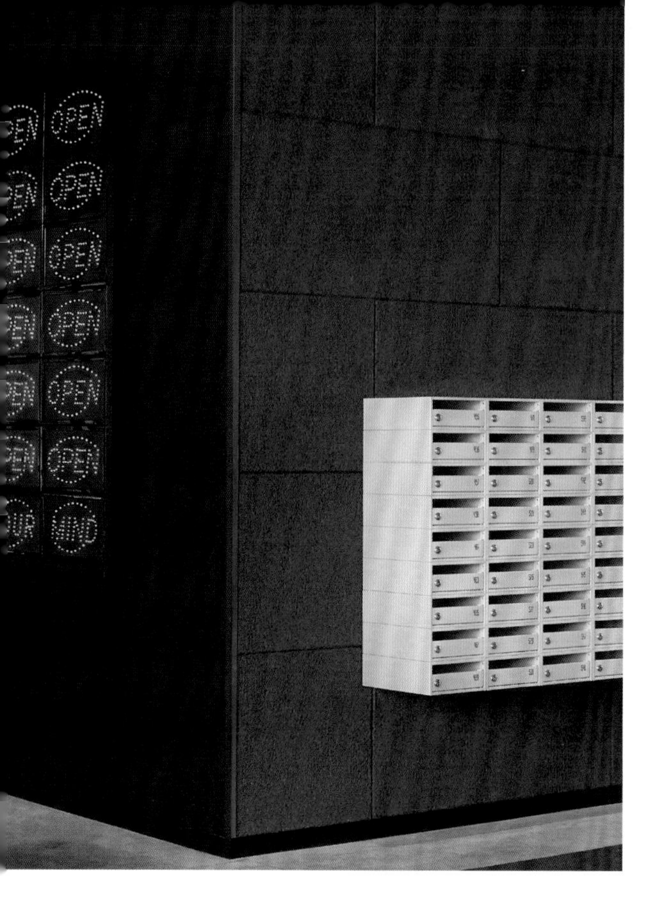
OPEN
OPEN
OPEN
OPEN
OPEN
OPEN
MIND

HONEY
I'M
HOME

THE
IS

TOILETS
GYM

SPINNING

THE STUDENT HOTEL

CAN'T
NEVER
COULD

THE STUDENT HOTEL
THE STUDENT HOTEL

Ce.
Pa.
Ro.
Po.
c.q.
Th.
O
H
Fr.
Cb.
Sp.c.
Mo.
P.
o.c.
pt.
op.

THE 'VERY DARK AND STRONG COFFEE' MUG
THE STUDENT HOTEL
THE 'BEFORE I GO JUST ONE MORE COFFEE' MUG
THE STUDENT HOTEL
THE 'I REALLY NEED MORE COFFEE' MUG
THE STUDENT HOTEL
THE 'YOU LOOK LIKE YOU CAN USE SOME COFFEE' MUG
THE STUDENT HOTEL

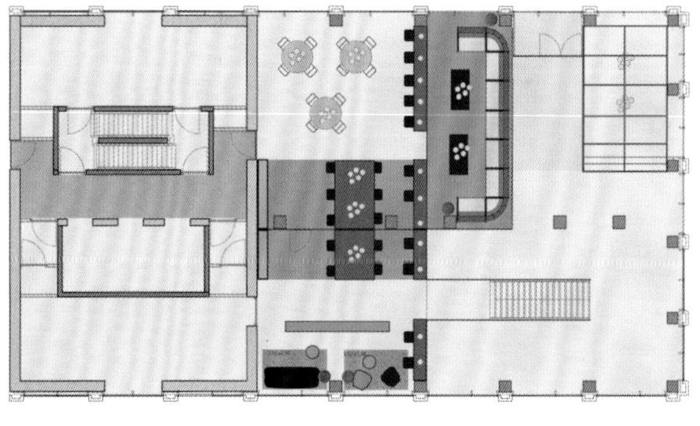

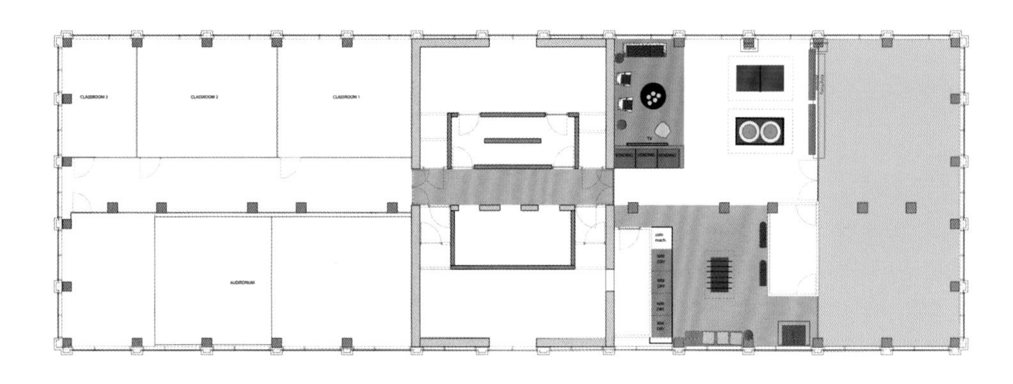

马特朱利亚酒店

米兰，意大利

GIULIA
RoomMate
HOTELS

IN 帕奇希娅 · 奥奇拉　**ID** 亚历山大 · 格斯达里欧　**CL** Room Mate Hotels

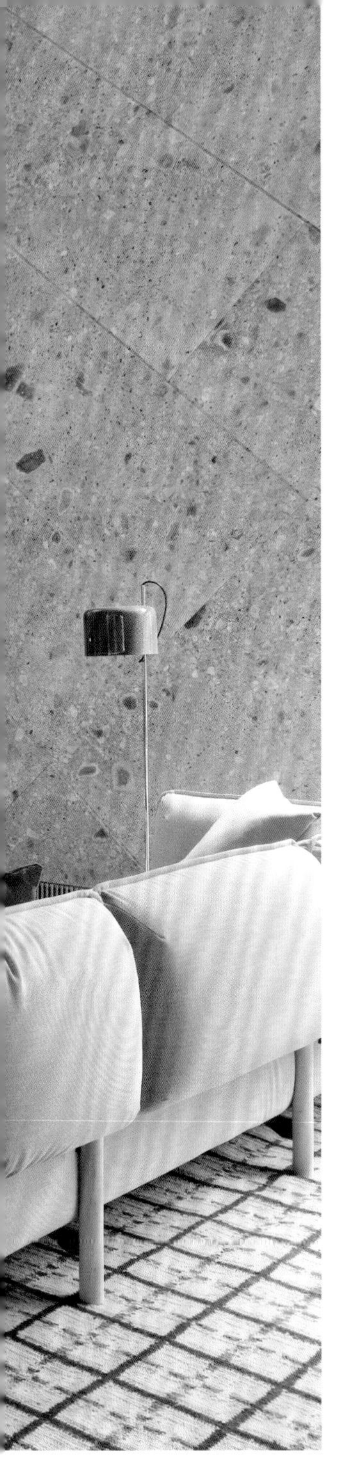

马特朱利亚酒店（Room Mate Hotels）临近主教座堂广场，其装饰风格始终保留着米兰的历史风范与个性风采。帕奇希娅·奥奇拉（Patricia Urquiola）是一名当地杰出的建筑设计师。他为该酒店所打造的室内空间设计，则以一种独特的艺术魅力表现了米兰文化从过去到现在的发展变化。如图所示，马特朱利亚酒店大厅的装饰地板采用了与大教堂地板材质完全相同的粉色大理岩石，而赤陶砖瓦装饰素材的使用则意在对米兰建筑的传统风貌表示深切的敬意。酒店内的壁纸、地毯及纺织物件的纹理都是以特色化的几何图案为主体的，而奥奇拉采用这样一种丰富的视觉形象意在呼应米兰这座城市地形的网状结构。淡蓝、淡绿及淡红的色彩组合是马特朱利亚酒店最使人印象深刻的装饰元素，因为它不仅能使人联想起意大利本土民族的人文情怀，而且能使顾客在这种复古且典雅的休憩环境中感到舒适。

米赫尔伯格酒店

柏林，德国

Michelberger Hotel

位于翻新厂房中的米赫尔伯格酒店（Michelberger Hotel）如今已成为了一个全球性的旅馆游客。在这里不仅可以享受舒适的休憩环境，也可以感受家一般的温暖。正如您所看到的，酒店内的装饰要素，无论是手绘贴画还是公用家具，都是用在跳蚤市场中采购来的原材料，结合可循环利用的环保理念进行再创造而成的。丰富的书籍及多样的杂志以一种独特的摆放形式取代了酒店客厅内的壁纸、灯罩和台桌。这些纸质图书所营造出来的文化气息能够使顾客在这里感受一种从未迸发过的视觉灵感。每一间卧室内的图形壁纸都是由酒店的创意总监及创始人阿扎尔·卡济米尔（Azar Kazimir）绘制而成的，而波希米亚世界性的美学思想使得米赫尔伯格酒店从始至终都能够保持着 种吸引背包旅行者及企业商人的装饰功效。

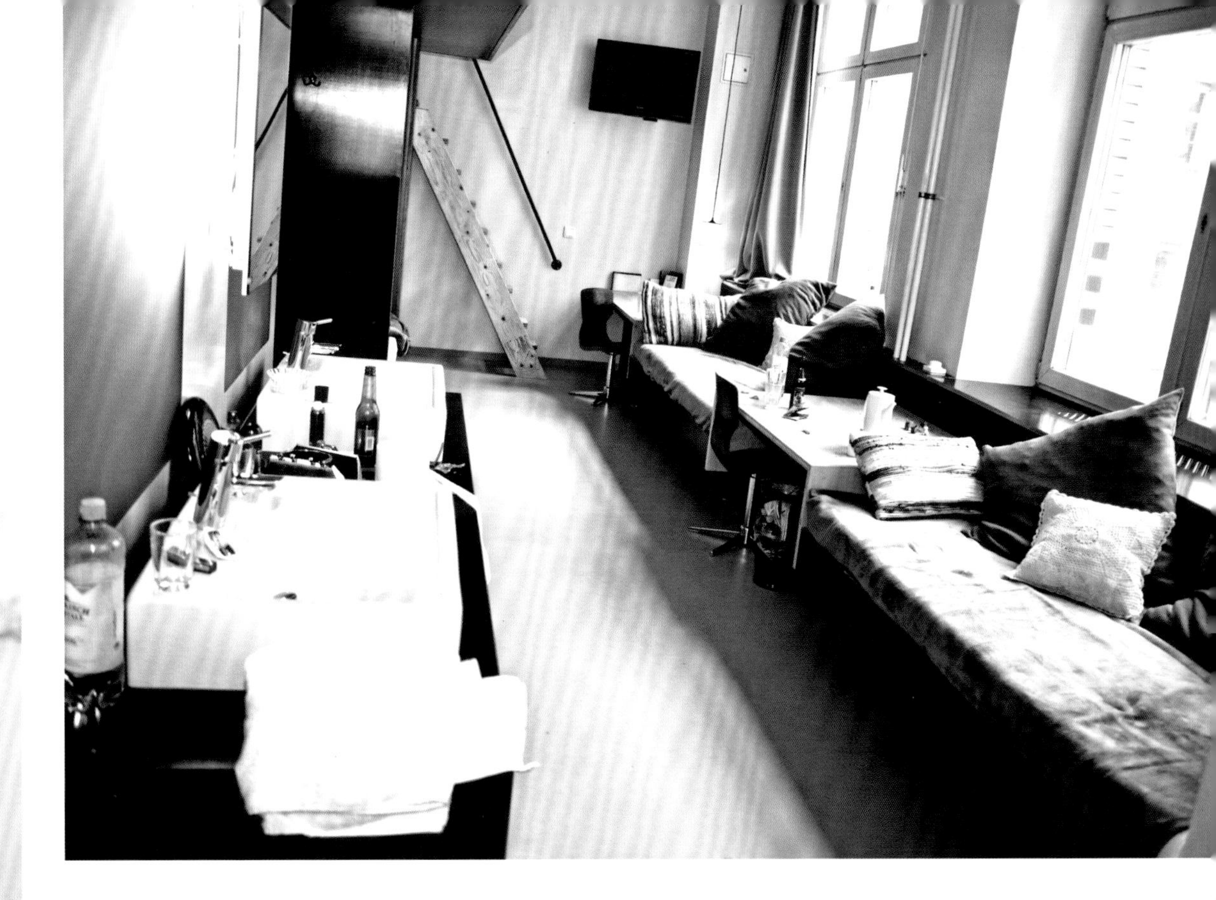

卡萨库克罗兹酒店

罗兹岛，希腊

IN & ST 安娜贝尔 · 库图苏　**ID** 斯蒂芬 · 格鲁纳　**CD** 羔羊狮子建筑公司
AR 瓦纳 · 佩尔纳瑞　**MU** 卡琳娜 · 艾巴托娃　**PH** 乔治 · 罗斯科　**CL** 托马斯 · 库克

卡萨库克罗兹酒店（Casa Cook Rhodes）坐落在希腊岛崎岖不平的山脉上。它所呈现出来的波希米亚精神，以一种新的意识形态迎合了现代旅行者的品位。

如图所示，卡萨库克罗兹酒店的舒适性与个性，在安娜贝尔·库图苏（Annabell Kutucu）与羔羊狮子建筑公司（LAMBS AND LIONS）的合作下形成了一种幽静、平和状态，该酒店生态化的享乐环境也在原生材料的装饰渲染下（如复古的饰品、裸露的石壁、木质的绿廊及亮丽的房间）形成了一种游牧风范的美学气息。此外，手工制品的设计参照了希腊印刷工艺的美学色彩，它所营造出来的质朴的视觉效果使人感受到了罗得岛（爱琴海上的一个岛屿）的本土人文气息。

PUSH

沃霍利休闲公园旅馆

波尔塔瓦，乌克兰

IN YOD 设计实验室 **ID** PRAVDA design **PH** 安德烈 **CL** 沃霍利休闲公园旅馆

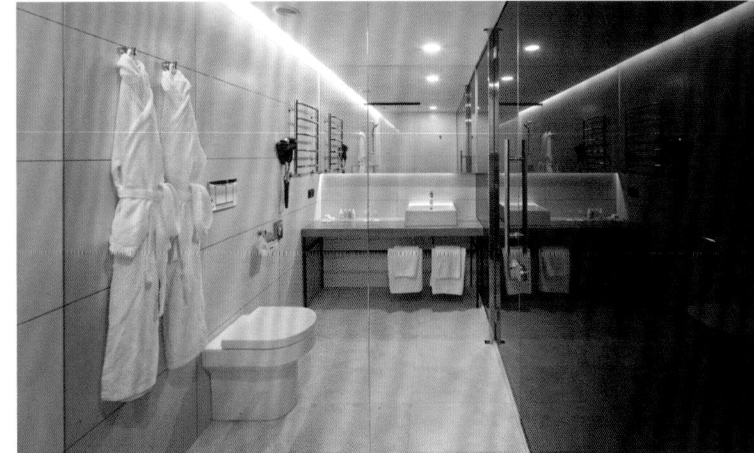

坐落在乌克兰波尔塔瓦松林中的沃霍利休闲公园旅馆（Relax Park Verholy）是一个小型综合式旅馆。该旅馆在长期的经营与管理过程之中，一直致力于为顾客提供一种大都市所不具备的舒适体验与服务。为了让大自然能够在一种成熟且简约的美学原理下尽显光彩，YOD设计实验室在建筑外立面安装了大量的落地窗，使旅馆充分融入周边的景色之中，并且酒店外墙的桤木原料也以一种独特的松纹结构模拟了当地的松林色彩。如图所示，环保可持续性材料在柔和色彩的渲染下，使装饰风格与松林环境形成了协调、统一的美学旋律，而这种设计形式不仅为休闲公园旅馆营造出了一种和谐、宁静的自然气息，而且使旅馆以一种素雅的姿态立于沉寂的松林之中。旅馆的客房装修采用了醒目、怡人的现代线型风格，而石料、钢材、皮革及玻璃等装饰材料，也以一种天人合一的风格呈现了一幅建筑与自然和谐共处的视觉画面。

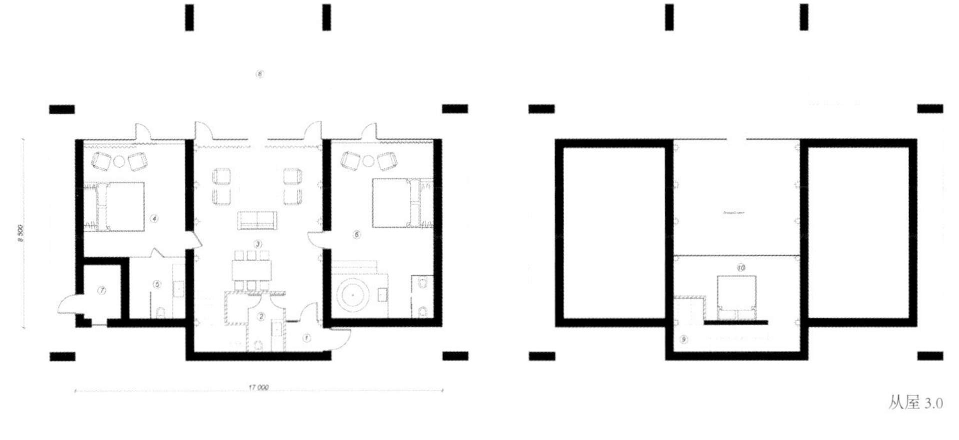

从屋 3.0

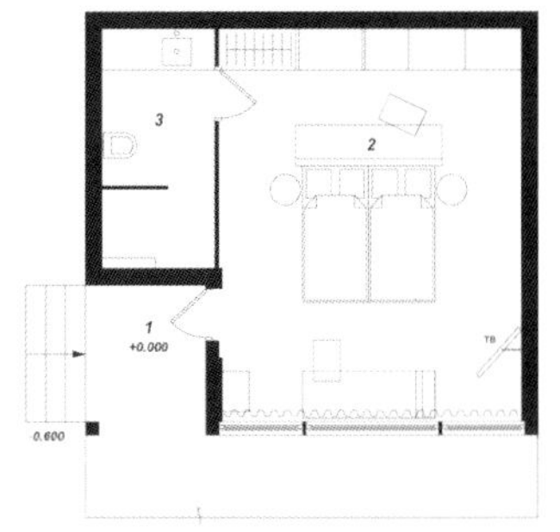

客房 2.0

哈娜尔酒店

东京，日本

IN HAGI STUDIO **ID** 田中游助 (Yusuke Tanaka) **CL** HAGISO

哈娜尔酒店（hanare）位于日本东京都台东区谷中。近年来，该酒店一直致力于让自己的产业遍布城镇的各个区域。谷中镇遍布着大量的基础设施、餐饮区及住宅楼，而哈娜尔酒店为了使自己的装饰体系能够与城镇的布局风貌吻合，探索了谷中传统的文化底蕴，进而来改造酒店内部的环境空间。为了迎合看似平凡但其实很独特的周边环境，哈娜尔酒店的接待大楼保留了原有朴素的黑漆色彩，而酒店套房虽然采用了个性的车窗玻璃做装饰，但整体空间仍然皆呈现出简洁感，反映出了日本传统的环艺风格。酒店的内外建筑皆呈现出朴素优雅的美学风范，这种设计风格意在引导顾客感受谷中这座城镇的本土文化。

Please
Do not
Disturb

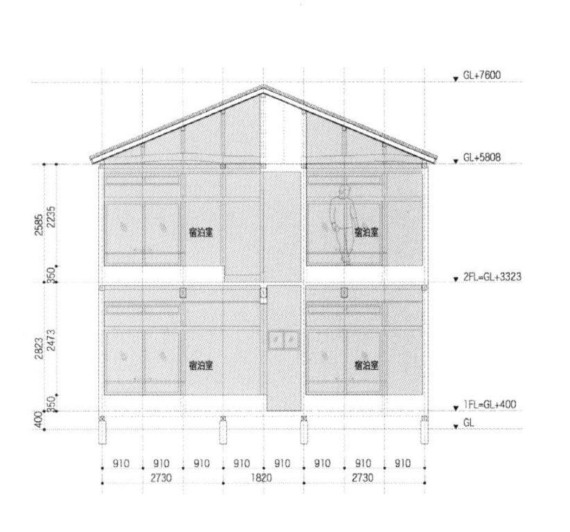
GL+7600
GL+5808
2FL=GL+3323
1FL=GL+400
GL
2585
2235
350
2823
2473
350
400
宿泊室
宿泊室
宿泊室
宿泊室
910
910
910
910
910
910
910
910
2730
1820
2730

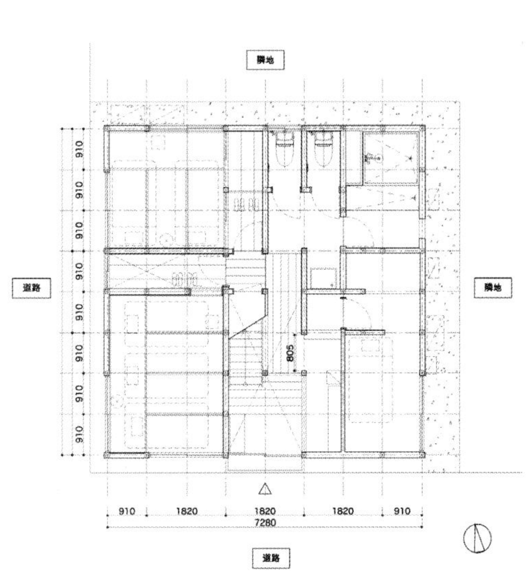
隣地
道路
隣地
道路
910
910
910
910
910
910
910
910
805
910
1820
1820
1820
910
7280

东京书香入梦旅馆

东京，日本

BOOK
AND
BED
TOKYO

IN SUPPOSE 设计事务所 **ID** SODA DESIGN **PH** 森川智之 · 矢野 **CL** R-SOTRE Ltd.

对文学爱好者而言，东京书香入梦旅馆（BOOK and BED Tokyo）是一个十分完美的"寄宿书店"，因为他们不仅可以这里学习丰富的知识，还可以在书架所构成的起居空间中享受甜蜜的梦乡。为了给读者营造一个舒适、宁静的阅读环境，SUPPOSE设计事务所围绕顾客读书入眠的事实，打造了一个光线暗淡的休憩环境，并在内置书架与墙壁之间楔入木质卧铺。酒店在艺术饰品及古典家具的映衬极具格调。公用卫生间的灰色格调，在混凝土与明装管道的装修风格下散发着一种浓厚的工业气息。而该酒店宁静、幽雅的环境，也使其成为了阅读爱好者心日中最理想的学习空间。

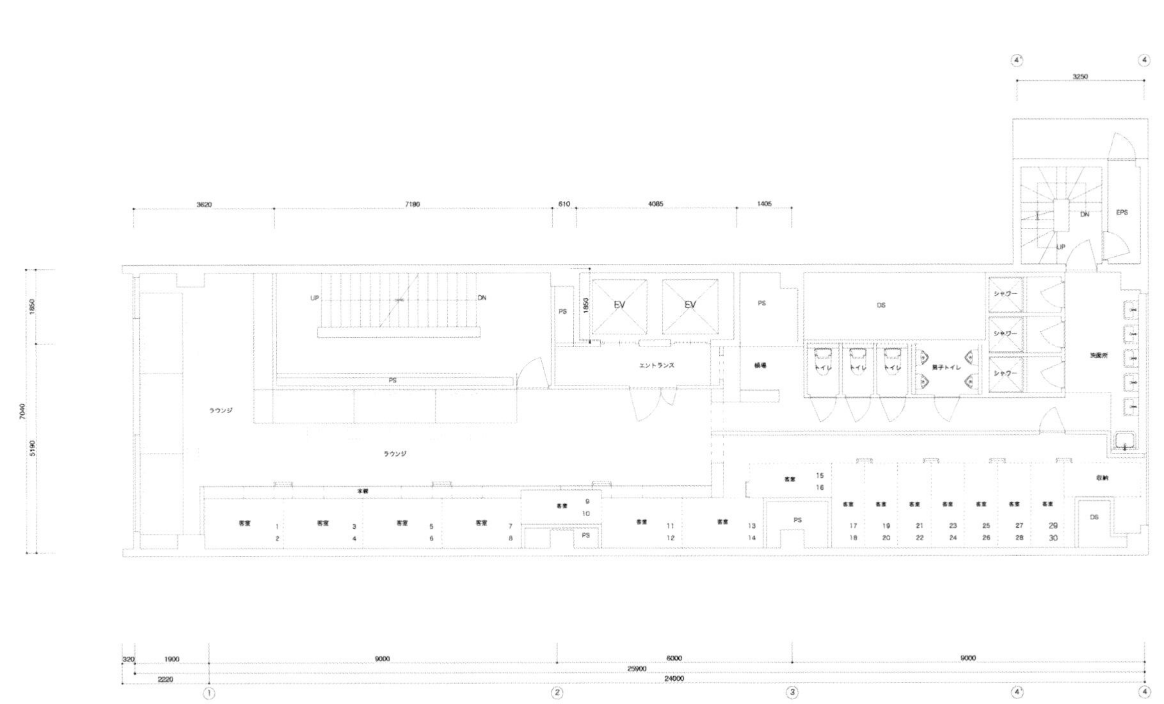

3620
7180
610
4085
1405
3250
4'
4
UP
DN
PS
1850
EV
EV
エントランス
PS
DS
帳場
トイレ
トイレ
トイレ
男子トイレ
シャワー
シャワー
シャワー
洗面所
EPS
ラウンジ
ラウンジ
本棚
客室 1 2
客室 3 4
客室 5 6
客室 7 8
客室 9 10
PS
客室 11 12
客室 13 14
客室 15 16
PS
客室 17 18
客室 19 20
客室 21 22
客室 23 24
客室 25 26
客室 27 28
客室 29 30
収納
DS
7040
1850
5190
320
1900
9000
6000
9000
25900
2220
24000
1
2
3
4'
4

YOUR
PRIVATE
SKY
FULLER
HAVE A

HAVE A BOOK DAY
B N B
BOOK AND BED
TOKYO

BOOK
AND
BED
HAVE A BOOK DAY
BOOK AND BED

HAVE A
BOOK AND BED

麦尖青年文艺酒店

杭州，中国

WHEAT

IN X+Living　**PH** 邵峰　**CL** 麦尖青年文艺酒店

麦尖青年文艺酒店（Wheat Youth Arts Hotel）位于一家大型购物中心的顶楼。它的经营理念是邀请世界各地的游客来此感受杭州的当代生活及青春气息。为了促进酒店顾客彼此间的互动，X+Living以他独特的视角打造了一个完全生活化的社交空间。在这里，你不仅会看到呈现出起居室和书房的格调的接待大厅，同时也会发现酒店管家的形象是一只黑犬雕像。客房的墙壁与家具是以灰白格调为主体旋律的，在轻木画架、桌子、衬布及床铺等装饰要素的点缀下，为顾客营造了一个自然与现代气息相混合的平静之地。此外，有活力的装饰物件、台球桌及音乐设施遍布在酒店的每个角落，这些丰富的娱乐设施使得酒店空间的既有趣味又有活力。

YOU ALLRIGHT
909

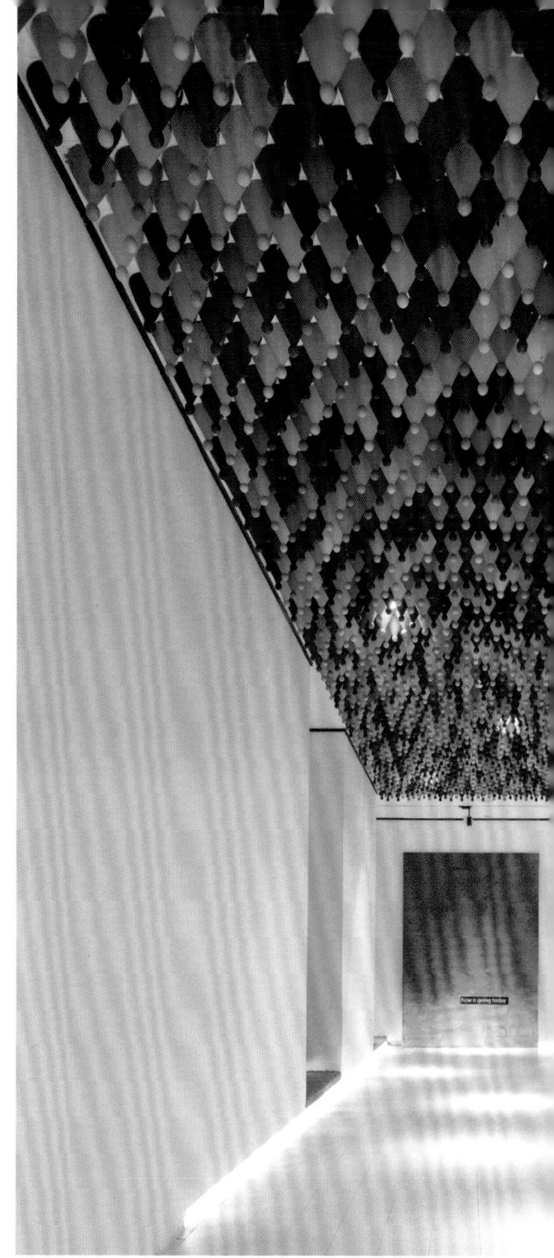

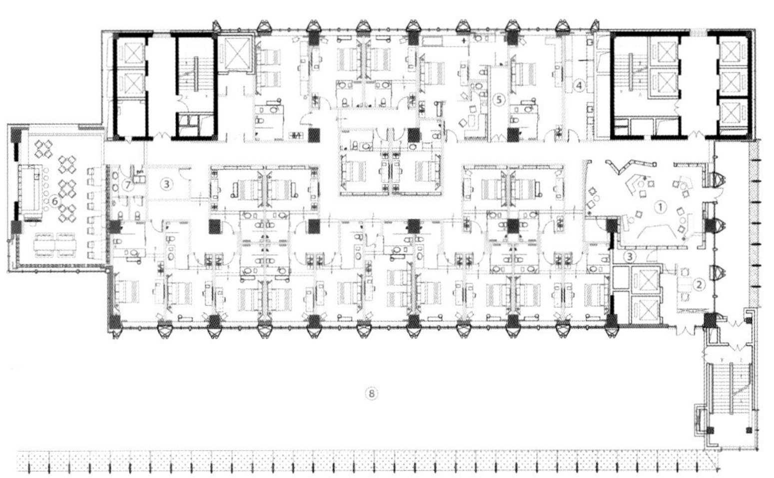

① Lobby
② Office
③ Storeroom
④ Linen Room
⑤ Water Equipment Room
⑥ Cafe
⑦ Washroom
⑧ Terrace

杂志公寓酒店

布达佩斯，匈牙利

THE
MAGAZINE
HOTEL · BUDAPEST

IN & ID GASPARBONTA **FT** POS1T1ON Collective **IL** Simon Says
PH 加博尔 · 施蒂格林茨 (Gábor Stiglincz), 巴林特 · 鲍尔瑙 (Balint Barna) GASPARBONTA **AD & CL** PS 杂志

位于匈牙利布达佩斯的杂志公寓酒店（The Magazine Hotel）是一家专门为时尚爱好者、图片编辑师及服装设计师所打造的宣传型旅馆。在这里，顾客完全可以把自己的作品陈列在大厅之中，并借助酒店的平台来向公众展示其作品的魅力。在全球各种时装杂志的启发下，杂志公寓酒店的客房以灰色、黑色与浅黄色搭配的框式家具打破了传统的浅色装饰风格。而酒店客房内的私人卫生间，则以一种黑白组合的瓷砖呈现出三维立体效果。如图所示，装饰色彩的对比映射了该酒店室内环境的文雅与纯净，而该色调也在无形中展示了该酒店对新潮设计所持有的一种激情。天然材料是杂志公寓酒店在室内装修方面所采用的主要素材。这些材料与墙壁整洁、单色的装饰格调相统一，并以一种独特的视觉魅力营造了一个优雅朴素的生活空间。总而言之，让顾客能够感受室内美学的对比之魂，是GASPARBONTA设计的本质目标。为了实现这一效果，他们打造了体验式的室内空间，展现出了时尚与设计之间的本质联系。

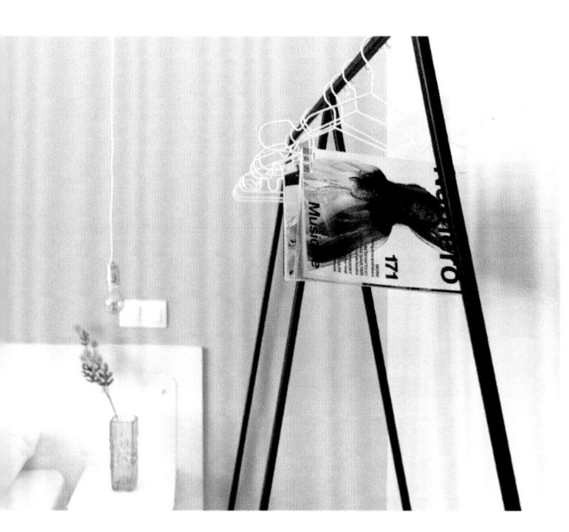

Parking your car
at the same time
a song ends.

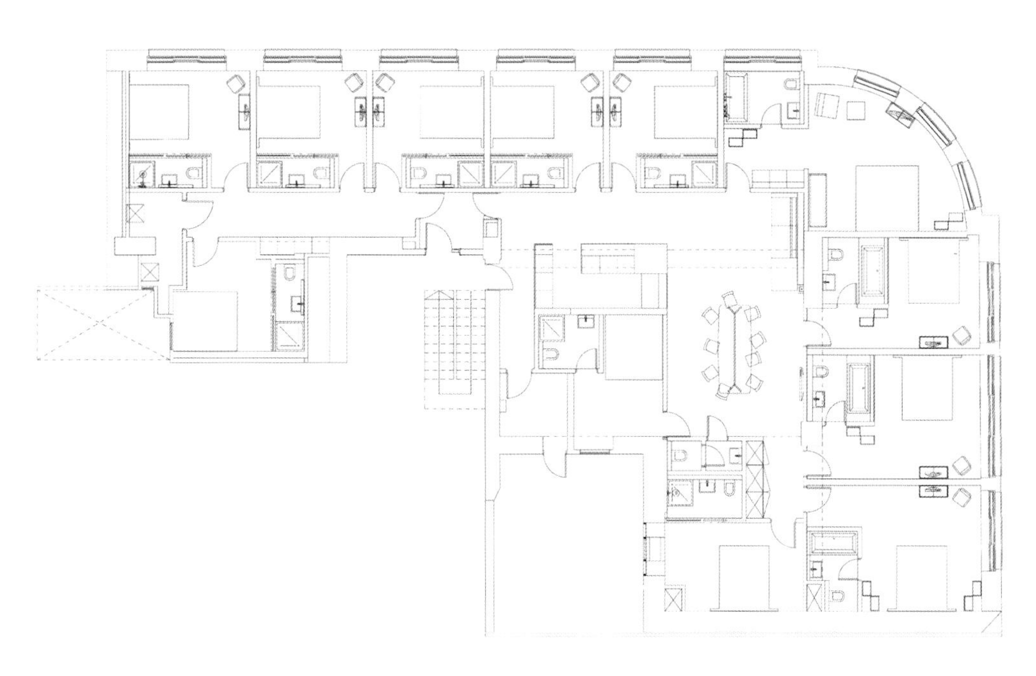

降落伞酒店

洛杉矶，美国

PARACHUTE

IN 斯科特·霍恩，彼得·多尔卡斯　**LG** 勒德洛·金斯利设计工作室　**PH** 尼科尔·拉摩特，史蒂文·德沃尔　**CL** 降落伞酒店

降落伞酒店（The Parachute Hotel）位于美国加州洛杉矶市的威尼斯海滨区域。其经营理念是营造一种家庭般的温馨来让顾客感受加利福尼亚的生活气息。降落伞酒店的室内装饰是由当地著名的环境艺术师斯科特·霍恩（Scott Horne）和彼得·多尔卡斯（Peter Dolkas）设计的。

为了突出该酒店所具有的一种加州文化特色，他们在酒店内打造了一个品牌化的展示商店，以其系列化的产品表达了降落伞酒店的人文内涵。在中性朴实的色彩搭配下，降落伞酒店室内空间的古典装饰要素（如墨西哥休闲椅和耐用的木料、藤条、皮革及金属要素等）微妙地映衬了亚麻寝具及毛绒毛巾等各种精致用品。酒店空间内的每一处细节要素的精湛工艺，都在一定程度上使顾客体验到"降落伞"的生活状态。

PARACH

Marchison-Hume
SUPERLATIVE
HAND SOAP
VELVET GLOVE
HAND CREAM

玛格达斯酒店

维也纳, 奥地利

IN AllesWirdGut　**ID** We Make GmbH　**LD** 3:0 Landschaftsarchitektur
PH AllesWirdGut, 吉列尔梅 · 席尔瓦 · 达 · 罗莎　**CL** 维也纳卡里塔斯大主教管区

在卡里塔斯基金会的支持下，玛格达斯酒店（Magdas Hotel）重新界定了自己的经营理念——以迎合寻求庇护者的标准来服务每一位来访的宾客。早在20世纪60年代，玛格达斯只是维也纳当地的一家养老院，而AllesWirdGut为了使其不丧失原有的形态结构，在保留玛格达斯最初建筑骨架的基础上，以柔和淡雅的色彩及古典时尚的风格，突出了该酒店新的美学风貌。如图所示，玛格达斯酒店中的装饰与家具，均是以卡里塔斯旧货商店中的废弃材料并结合精妙的设计手法所打造的，这种表现形式不仅成功地匹配了淡彩风格的装饰空间，也对当地的历史文化起到了画龙点睛的作用。此外，通过有效地利用稀缺资源的"升级改造"及简约优雅的设计方法，AllesWirdGut还在很大程度上突出了玛格达斯酒店的社会价值，使得当地的社区文化与酒店文化能够完美地统一在一起。

AlL yOU
nEed iS
LOVe

Salon Menu

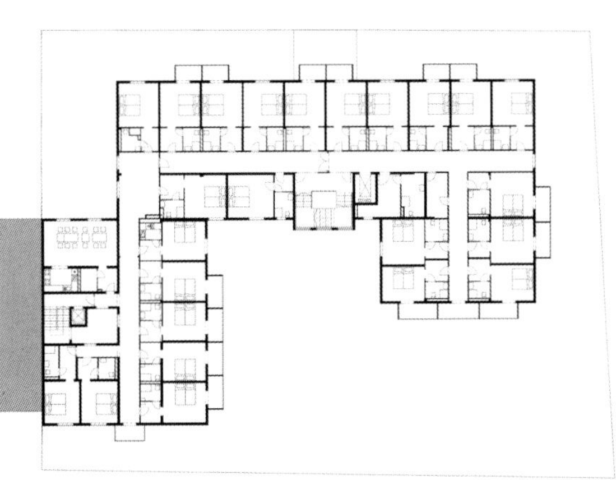

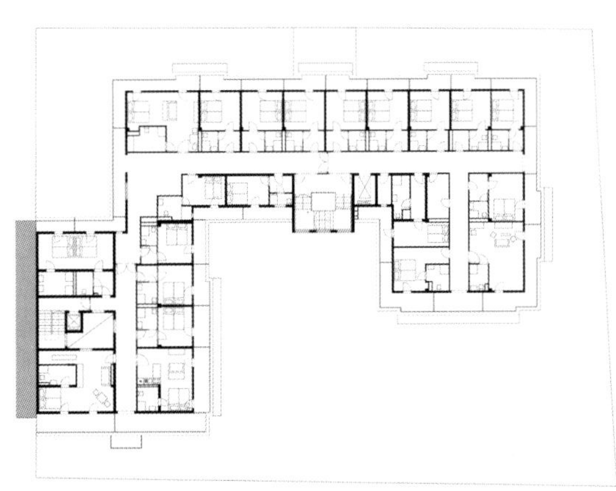

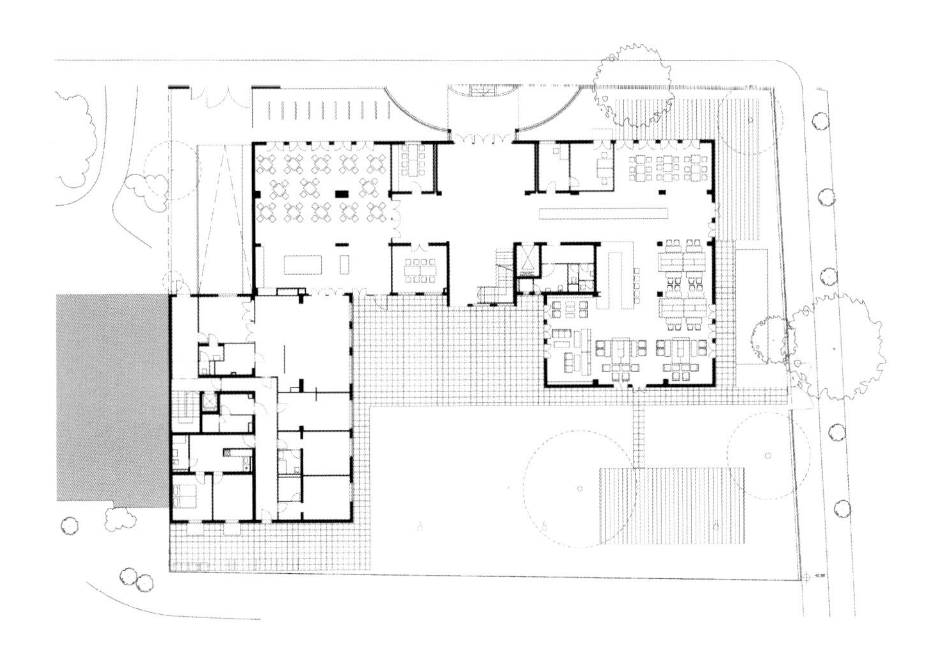

406
Elevator

TEMBELEA BUSTANI YETU.
KARI-BUNI KWE-NYE VIENNA.
TEMBELEA BUSTANI YETU.

Stay open-minded.
10
50

Stay
open-minde
and clean.
Body & Hair
All-in-One Wasch-Gel

Salon
Menu

Elevator
Library
Reception
Salon
WC
Garden
Work Space
Breakfast

Z
Z
Z
Rooms

奥德松旅馆

雷克雅未克，冰岛

ODDSSON

IN & ID Döðlur　**FT** Döðlur, Stáss　**PH** Döðlur，奥里 · 马格　**CL** 奥德松旅舍

奥德松旅馆（ODDSSON）并不认为标准的设计是突出酒店形象的最佳表现形式，相反，它完全是以概念对比（即高雅文化与低俗文化的对比、酒店文化与旅馆文化的对比）的手法来展现自己的装饰特色。正如您所看到的，该旅馆的空间内有着丰富的艺术活力及烹调装置，采用这样一种装修风格意在迎合节俭者具有的一种优秀生活品质。20世纪40年代，奥德松旅馆是以工业厂房作为营业载体的，而Döðlur为了提升它的美学风格，通过一系列20世纪末的装饰家具打造了一个迷人的居住环境。在对立概念的引导下，在该旅馆的一楼大厅并列设置了悠闲的休息室及小酒吧。为了使顾客也能够方便地在此享用到一日三餐，该酒吧内还额外开设了一家优质的意大利餐厅。

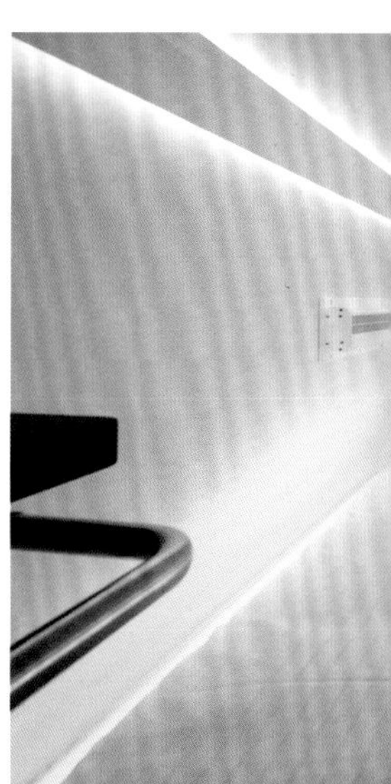

阿姆斯特丹城市枢纽酒店

阿姆斯特丹, 荷兰

City
Hub

IN Überdutch 设计工作室　**ID** 阿姆斯特丹费斯蒂纳创新事务所　**TA** Mulderblauw　**CL** 城市枢纽酒店

多年来，Überdutch一直致力于以空间设计和产品设计来提升品牌影响力，而阿姆斯特丹城市枢纽酒店（CityHub Amsterdam）的装饰塑造，就是在该公司的缜密思考及严谨的创新设计下所形成的。如图所示，城市枢纽酒店舒适、奢华的氛围中充满了大量的时尚装饰要素，而为了使其能够进一步满足现代旅行者的客观需求，该酒店采用了未来派风格的陶瓷材料，打造了豪华的卫生间，这与古典家具所构成的舒适环境及赤裸砖墙形成了鲜明的对比。新与旧、实用与舒适之间的协调统一，使得该酒店的私人空间与社交空间形成了完美的平衡。酒店中的前卫客厅、活动场所及自助酒吧，也在Überdutch设计公司的艺术渲染下为旅客带来了一种真实且纯粹的体验。

奥华乌鲁姆鲁酒店

悉尼，澳大利亚

IN HASSELL **ID** THERE **PH** 尼科尔 · 英格兰，史蒂夫 · 布朗 **CL** 奥华乌鲁姆鲁酒店

奥华乌鲁姆鲁酒店（Ovolo Woolloomooloo）坐落在具有百年历史的悉尼手指码头。鉴于它的独特地理位置，HASSELL设计公司意在为这个标志性的海滨区域灌输崭新的活力。如图所示，在基于自然阳光、港口环境及悉尼全球化的客观条件下，设计师采用了空间对接及凉亭嵌入的形式，将不起眼的风洞结构打造成了一道亮丽的装饰风景。HASSELL为酒店所设计的户外通道，也在诸多盆景树、天窗及格架天井的点缀下，显示出了室内环境的装饰效果。此外，该酒店的大型公共空间具有一种心旷神怡的装饰色彩，不仅能让顾客在这种舒适的氛围中进行工作和学习，也能使其在这种社交平台里展开彼此间的交流与活动。该酒店室内空间的展示设计激发了手指码头的活力，也将意蕴之美深深地印入到了人们的记忆之中。

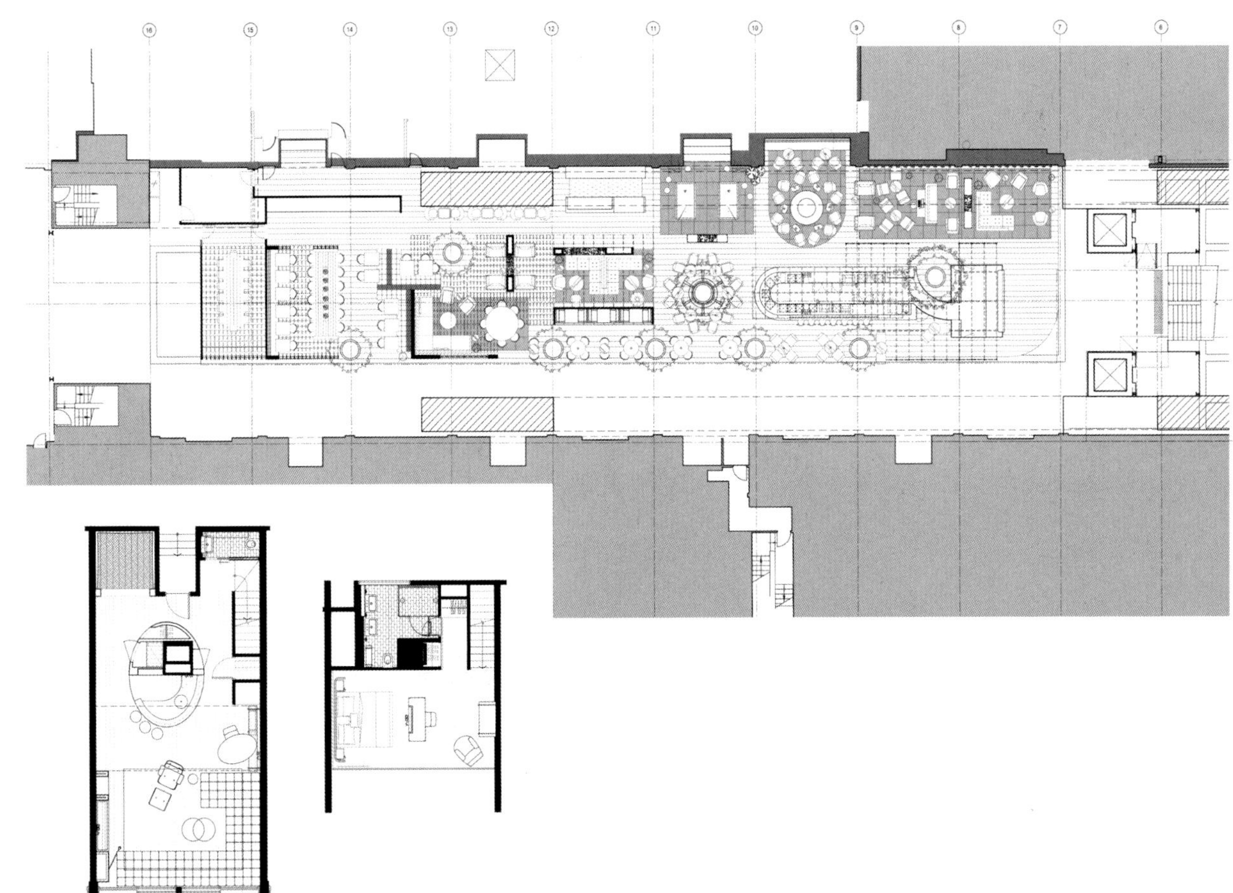

16
15
14
13
12
11
10
9
8
7
6

WEL /
COME

SIP HAPPENS
THE MOVIES

It's going
Straight to the
...

EXERCISE
EXTRA
FRIES
Sound
SO ALIKE
KITCHEN

I LIKE BIG BOOKS
AND I CANNOT LIE
MAGGIE
SAKKARA
MARTINI

世界之家

—

旅客常常把旅馆形容为自己的“家外之家”，而这种特殊感情的萌发，也正是多数旅馆在长期经营过程中所一直奋斗的目标——努力让顾客在心中形成这样一种理念，那就是“旅馆是每一位旅客的家”。

旅馆能否让世界旅客感受到家一般的温暖，往往取决于旅馆的服务质量，以及旅客是否能在这种公用区域内，与旅客和员工相处得如家人一般。旅馆的公共区域不仅融合了世界多元文化，更汇集了各种民族、语言和思想等上层建筑。因此，世界各地的旅客相聚在这里，其相同的目的只有一个，那就是怀着一颗热情满满的心，在旅行中不断地去结识新的朋友和享受快乐的时光。

旅馆的公共区域含有多样的活动空间，这其中包括宽敞的庭院、舒适的阳台、标准的客厅和特色的酒吧。公共区域的休憩环境既可以是狭小的空间。也可以是开阔的空间，因为每一个旅馆都有自己的特点，并且他们所提供的舒适环境是根据自己特定的风格来创造的。

奥瑟托尔青年旅馆（Oxotel Hostel）位于泰国清迈，它是景观建筑师 Pooritat Kunurat 在泰国北部创办的唯一一家五星级旅馆。早在20世纪70年代，奥瑟托尔青年旅馆只是一个被遗弃的商铺，在融入景观设计理念后，其室内外的装饰效果便呈现出了与以往不同的特色风格。此外，基于社群意识及共享价值的概念，该旅馆还对墙壁进行了大规模的拆卸，其目的是使早餐区和露台能够形成一种独特的贯通结构，从而为旅客营造一种惬意且舒适的社交空间。

位于世界另一端的生态旅馆，同样享有巨大的公共空间。它与奥瑟托尔青年旅馆最大的不同之处就在于其社交区域的结构是由装饰家居的陈列所分隔而成的。该旅馆的接待空间也十分特别：不仅在舒适的沙发上为寄宿者提供了丰富的趣味杂志，而且为了使顾客能够在这里享受用餐之乐，餐厅区域内配置了自制餐点的便利厨房。此外，生态旅馆大厅的末端还设有一个圆锥帐篷形的小型休息室，来自世界各地的旅客可以在这样一种平静的环境中，与他们的同行者一起去观看旅途中最难忘的影片。

在旅馆内构建模拟社会的理念，使得公寓型的共享区域拥有了一个新的发展模式——让每一个人都能在这样一种舒适的环境下感受家一般的温暖。文化、语言和人类是一个相互联系的整体，而旅馆基于这样一种客观因素，为顾客的异国他乡之旅抒写一篇最为甜蜜的记忆。

有助于启发创意灵感的酒店及旅馆

奥瑟托尔青年旅舍，清迈 | 生态旅馆，阿姆斯特丹 | 萨尔瓦多塔尔特塔特山旅馆，安道尔 | 帕尔默斯旅馆，伦敦

极客旅馆提供

柏林比基尼25小时酒店

柏林，德国

IN 艾斯林格设计工作室　**ID & CL** 25小时酒店　**PH** Stephan Lemke (Floor plan)

柏林比基尼25小时酒店（25H Hotel Bikini Berlin）是以20世纪50年代的比基尼-豪斯大楼为经营场所的。该酒店之所以能够成功地将自己打造为名副其实的"都市丛林"，在于它地处布赖特沙伊德广场与柏林动物园之间。比基尼25小时酒店公共空间的自然与文化气息，通过艾斯林格设计工作室（studio aisslinger）设计的生态工业环境统一起来。这种装饰结构不仅包含着金属、糙纹及霓虹灯等多样原生要素，而且顶棚和墙面上还有丰富的部落道具和原生植物做的点缀。酒店客房的一半房间是以丛林风格为装饰主题的，这种休憩环境并非是模拟大象或黑猩猩的生活场景所设计的，而是以天然材料及自然色彩的美学感染力来营造视觉效果的；酒店客房的另一半房间是以柏林西部都市的自然景观为装饰主题的。这种对比型的室内装修模式充分反映了柏林这座城市的文化魅力与自然风采。

bakery

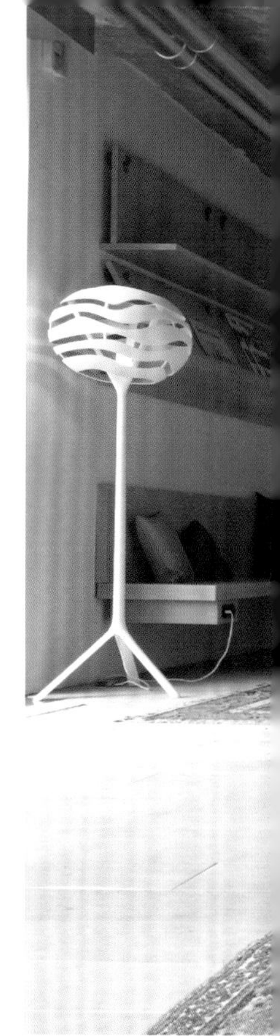

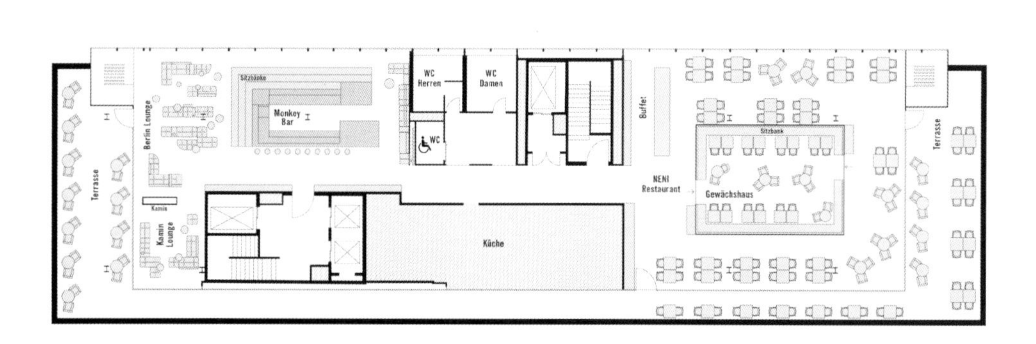
Sitzbänke
Monkey Bar
Berlin Lounge
Terrasse
Kamin
Kamin Lounge
WC Herren
WC Damen
WC
Buffet
NENI Restaurant
Sitzbank
Gewächshaus
Küche
Terrasse

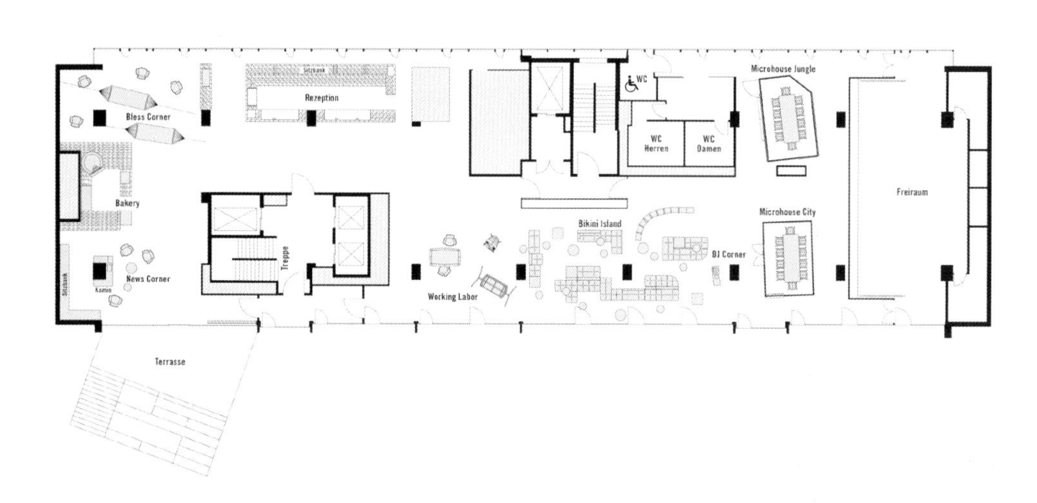
Bless Corner
Sitzbank
Rezeption
WC
Microhouse Jungle
WC Herren
WC Damen
Bakery
Freiraum
Microhouse City
Bikini Island
Treppe
DJ Corner
News Corner
Sitzbank
Kamin
Working Labor
Terrasse

newscorner

608
609
626
610
625
624
623
622

STOP
THE WATER
WHILE
USING ME!

阿姆斯特丹佐库酒店

阿姆斯特丹，荷兰

IN concrete　**ID** WE ARE Pi　**AR** Mulderblauw Architecten　**PH** 伊沃特 · 修柏斯　**CL** 佐库酒店

阿姆斯特丹佐库酒店集阿姆斯特丹商业、文化及娱乐场于一体，已经成为当今全球性质的游牧型酒店。它在多年的经营过程中，以一种独特的装饰理念吸引了众多志趣相投的观光旅客。佐库酒店以新都城大厦作为营业场所。其传统荷兰温室效果的装修风格，一方面营造了一种酒店飘浮在山间雾气之中的空间感，另一方面表现了建筑师亚瑟·斯塔尔（Arthur Staal）标志性的"皇冠"式结构。如图所示，酒店大厅区域采用弹性布局，用白板装饰墙分隔出了游戏室和音乐厅，能够使顾客在这里充分地进行社交活动，而运动区环和工作区、休息区使得顾客可以在这里轻松地进行学习、工作和锻炼。佐库酒店的接待服务是按照国际社区的标准执行的，这样做的根本的目的在于打破传统酒店服务标准的局限性和约束性。

MAKE ART
NOT WAR
F--K ART
LET'S DANCE

&
ZOKU
SWEET
ZOKU

HOTEL
NO,
I'M NOT ON
FACEBOOK.

&

瓦伦西亚休闲旅馆

瓦伦西亚，西班牙

IN Masquespacio　**PH** 路易斯 · 贝尔特伦　**CL** 瓦伦西亚休闲旅馆

瓦伦西亚休闲旅馆（Valencia Lounge Hostel）的空间环境既舒适又时尚，这种风格在很大程度上满足了现代旅行者的个性生活与品位。基于瓦伦西亚休闲旅馆的传统建筑结构，Masquespacio利用复古风格的水泥砖瓦和石膏板对顶棚进行了装饰，并且为了唤醒20世纪建筑结构的生命力，他们还设计了一系列温馨、典雅的彩色家具来加以衬托。大厅墙面、装饰物件及艺术画框上的几何图案是该酒店令人印象最为深刻的美学元素，这种装饰效果不仅能使每一间客房的视觉风格都能够协调、统一，而且还能使它们在同一格调氛围中绽放自己不同的个性风采。总而言之，瓦伦西亚休闲旅馆的空间环境具有一种舒适、欢快的气息，而Masquespacio这样设计的目的就在于引导人们脱离现实生活、走进这里的梦幻天堂。

HA

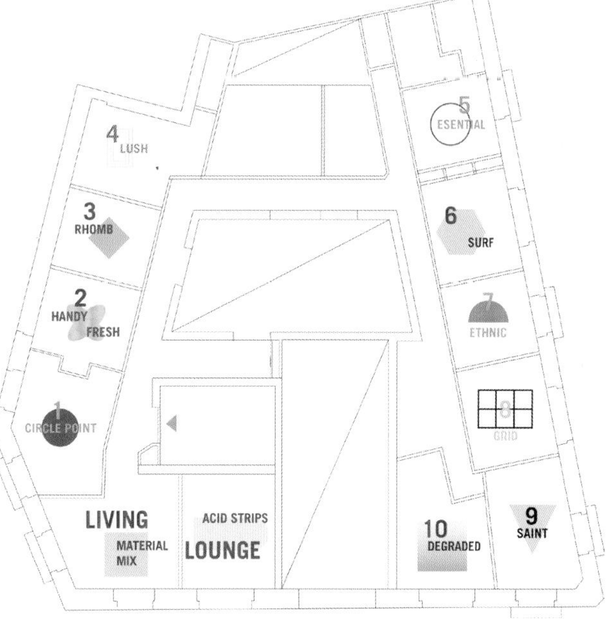
4 LUSH
5 ESENTIAL
3 RHOMB
6 SURF
2 HANDY FRESH
7 ETHNIC
1 CIRCLE POINT
8 GRID
LIVING
MATERIAL MIX
ACID STRIPS
LOUNGE
10 DEGRADED
9 SAINT

M社交酒店

新加坡

IN 菲力浦 · 斯塔克　**ID** Somewhere Else Co　**LG** The GA Group　**CL** 千禧康柏特妮酒店股份有限公司，城市发展有限公司

M社交酒店（M Social）是一家集高雅、创意与技术于一身的独立性酒店，其室内空间设计是由菲力浦·斯塔克（Philippe Starck）按照其签名式样的民主设计思想，结合创意性、功能性、装饰性打造而成的。如图所示，M社交酒店大厅内的有色玻璃、图案瓷砖及雪花石膏，以一种独特的装饰风格渲染了公共空间。斯塔克在酒店酒吧中融入了迷幻色彩、旋转彩灯及装有屏幕的工作台面，以一种强烈的视觉感染力激活了酒店社交区域的活力姿态；相比而言，酒店客房的室内设计是以暖色调、高顶棚及工业混凝土等元素装饰而成的，这种艺术风格意在通过一种高雅的美学品质来为顾客营造一个舒适、清新的休憩环境。

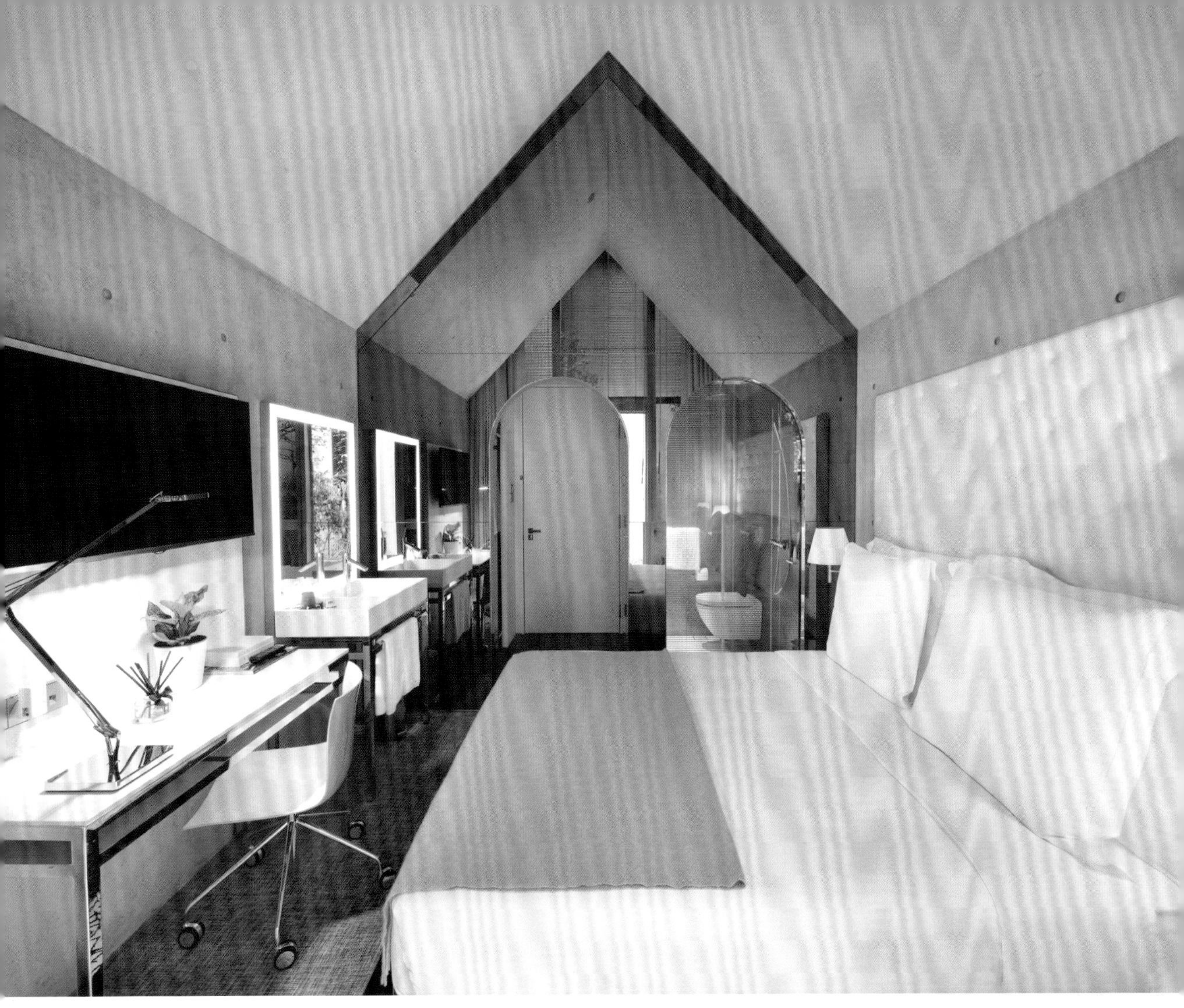

NOTHING A DRINK CAN'T FIX
MSOCIAL
WHY
STOP
JUST

MSOCIAL
SINGAPORE
DON'T WORRY,
WE'VE GOT YOUR BAG
NAME
ROOM NO.
ARRIVAL DATE
DEPARTURE DATE
SHAVING KIT

MSOCIAL
SINGAPORE
DANCE LIKE
NO ONE'S
WATCHING
LAUNDRY LIST

MSOCIAL
SINGAPORE
BOTTOMS
UP

MSOCIAL
BATHE IN THE GLOW OF NEON LIGHTS
BATH GEL
MSOCIAL
SOAK IN THE CITY SIGHTS
CONDITIONER
MSOCIAL
SMOOTH OUT ROUGH DAYS
BODY LOTION
MSOCIAL
RINSE AWAY WEARINESS
SHAMPOO

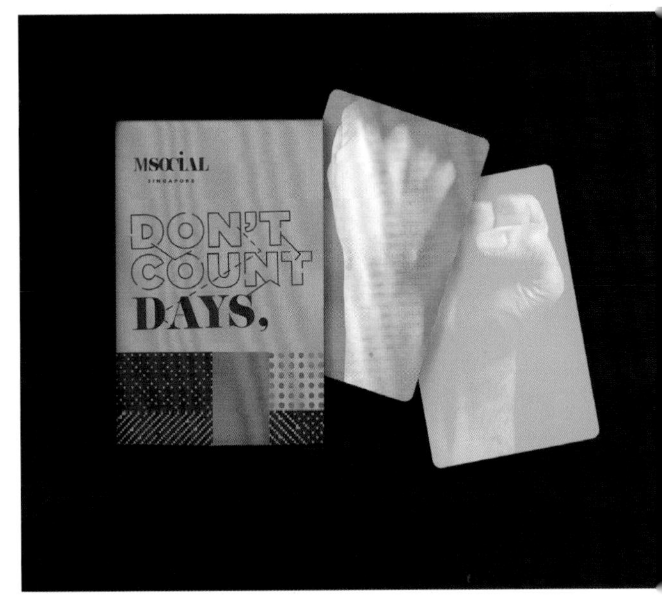
MSOCIAL
SINGAPORE
DON'T
COUNT
DAYS,

COO酒店

新加坡

IN & ID Ministry of Design　**PH** 爱德华 · 亨德里克斯　**CL** Flying Potato Group Pte. Ltd.

COO酒店是新加坡突出社会经历重要性及概念意义的第一代社交型酒店。COO品牌具有三层属性，即全球性、社会性及娱乐性，而在这三层属性的灵感来源于中峇鲁区的公寓建筑特色，Ministry of Design采用了金属网式的材料对COO酒店的入口进行了装饰，这种设计手法是为了引导顾客回想起新加坡老住宅区的金属闸门。宾馆走廊、酒吧及大厅墙壁和顶棚上的图形，以一种数码蓝图式的风格装饰了酒店的空间。室内布局及社交平台采用了的当地文化色彩，以一种情感化的视觉语言吸引了许多人的目光。

市民酒店

伦敦，英国
阿姆斯特丹，荷兰
纽约，美国

IN concrete（伦敦塔，肖迪奇，斯希普霍尔机场，纽约） **ID** 凯塞尔斯 · 克雷默
PH （室内）艾德里安 · 高特，理查德 · 鲍尔斯，沃特 · 万 · 德尔 · 萨尔，（视觉形象）弗兰登塔尔/韦尔根 **CL** 市民酒店

建于阿姆斯特丹斯希普霍尔机场中的市民酒店（citizenM），如今已经成为全球青睐的奢侈品牌。因为该酒店不仅在其发源地有着庞大的平台，而且它的营业规模已经拓展到了全球其他城市。以最合理的价格为市民提供最奢华的空间，一直是市民酒店长期秉承的国际理念，这不仅体现在了该酒店的品牌效应之中，而且体现在设备完善的舒适客房中。使工作与休闲能够在生活中保持平衡，是全球市民都想要达到的理想状态。为了实现这一目标，concrete为酒店打造了一个集休息区、餐厅与酒吧为一体的综合型空间，并以一种全面的服务体系满足顾客了的需要。市民酒店的大堂区域被分为了多个隔间，并且每一个区域中都设有丰富的艺术品、书籍及纪念品来供顾客们随意欣赏。

LEN DEIGHTON
PANGOLIN
LEN DEIGHTON SPY LINE
STONE 588
ELEANOR ROOSEVELT
HOLY RUSSIA Fitzroy Maclean
BETWEEN SILK AND CYANIDE
SUBMARINE
LEONARD BERNSTEIN
ART & ARTIST
BLOOD and RELIGION
who wrote what when
LIVING IN STYLE
BERLIN
ACIDUM SALICYLICUM
PHOSPHATE BUFFER
ACID ACETIC GLACIAL
SOLUTIO HYDROGENII PEROXYDI
LE CARRÉ
the Don
Jerome Blum
DECODED
CHRONICLES

YVES
ENJOY
MEAL

welcome citizen
GUEST

citizenM Soap
citizen
citizen
citizenM likes to arrive relaxed

citizen

仓库酒店

新加坡

IN & ID Asylum **AR** Zarch Collaboratives **PH** The Warehouse Hotel **CL** I Hotel Pte Ltd

仓库酒店（The Warehouse Hotel）位于新加坡港口，它是在原有的赌场窝点、地下活动中心及烈性酒酿造厂仓库的基础上改建而成的。为了使人们记住此地之前污秽的历史，Asylum以忧郁、朦胧的装饰风格对仓库酒店的室内空间进行了设计，而酒店接待大厅的整体环境，设计师则是采用墨绿色与深棕色的家具加以衬托的。在该酒店的室内环境中，工业风格的照明设备与金属框架，反映了该仓库的建筑历史及外部桁架特色，而百叶窗、檐口及印有汉字图案的装饰元素，也在某种程度上展现了新加坡这座城市特有的文化。仓库酒店与众不同的美学风采彰显得既庄严又大气，这种装饰特色完全可以在无形中吸引更多的顾客来这里享受舒适、宁静的生活气息。

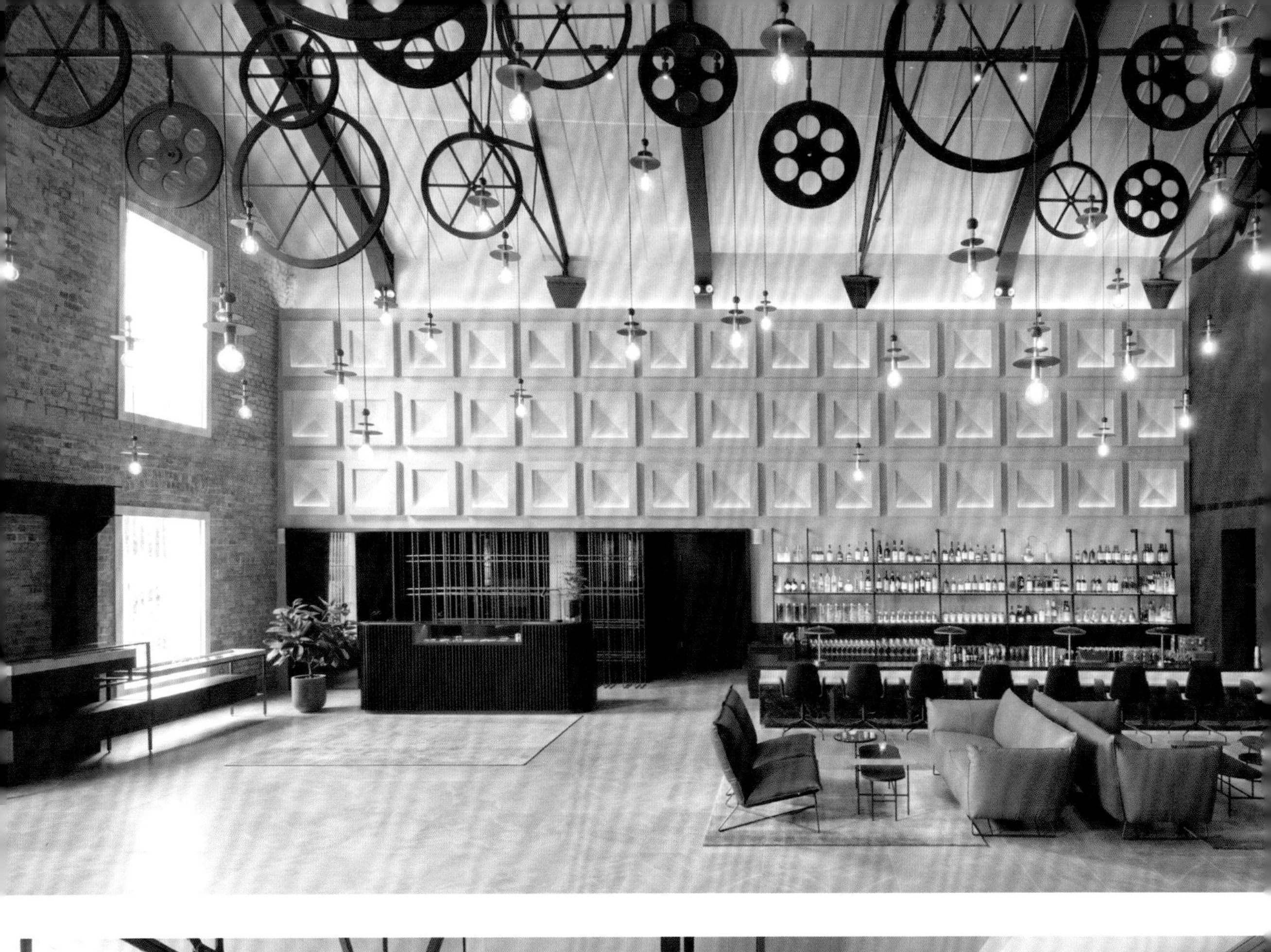

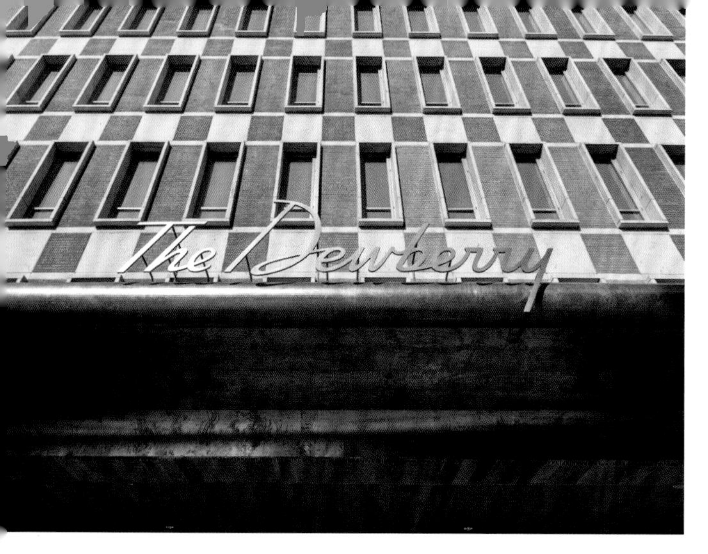

杜伯里酒店

查尔斯顿，美国

The Dewberry
CHARLESTON

IN WORKSTEAD **ID** 富兰克林 **CL** 杜伯里酒店 **SC** 约翰 · 杜伯里，杰米 · 布朗，罗基 · 布朗，斯科特 · 道森

杜伯里酒店（The　Dewberry）位于美国南卡罗来纳州的查尔斯顿，它是约翰·杜伯里（John　Dewberry）心中最为理想的"南部天堂"。杜伯里酒店的现代空间，是WORKSTEAD遵照美国南部现代主义的装饰概念设计的。正如您所看到的，酒店客房大多是以大型衣橱及手绘壁画进行装饰的。古典沙发、大理石浴室及定制的桃花心木，以一种复古的装饰风格唤醒了现代奢华的世纪风采。杜伯里酒店大厅的装修风格与乔治亚烤房有所不同，它完全都是以WORKSTEAD为其设计的丹麦古董家具来进行装饰点缀的。杜伯里酒店的空间形态意在展现一种美国风貌与世界风貌，因为该酒店不仅在查尔斯顿有着显赫的知名度，而且在国际范围内有着优良的口碑。

羽饰家庭旅馆

巴黎, 法国

IN & ID 多萝特 · 迈林奇索恩 **PH** 羽饰家庭旅馆

羽饰家庭旅馆（HOTEL PANACHE）之所以能成为继纽约标志建筑之后的又一以"熨斗"为别名的建筑空间，原因就在于它有着一种三棱柱形式的独特建筑结构。多萝特·迈林奇索恩（Dorothée Meilichzon）意在在地毯和壁纸等一系列的装饰要素中充分表现几何图案的艺术效果，而这种表现形式不仅能突出该旅馆所特有的角状结构，而且还能为现代风格的装饰环境附上一抹古典美的视觉色彩。台桌旁的装饰镜、照明灯和床头板均是以钢材制作而成的，这种工艺意在引导人们去品味新艺术运动所主张的设计风格。酒店的公共区域是以深蓝、墨绿及灰白相间的搭配组合为主体色彩的。多萝特为羽饰家庭旅馆所塑造的个性形象，在某种层面上突出了法国巴黎所特有的一种人文精神。

Bon
Voyage

玛戈特之家酒店

巴塞罗纳，西班牙

MARGOT
HOUSE

IN CONTI, CERT.　**ID** Séptimo　**PH** www.lamira.tv　**CL** Margot House

玛戈特 · 特南鲍姆（Margot Tenenbaum）是韦斯 · 安德森（Wes Andersen）所拍影片中的一个虚构人物，而该酒店以“玛戈特”命名，其目的是将该角色迷人且古怪的个性品质融入旅馆的空间设计之中。玛戈特之家酒店（Margot House）的客房、厨房、酒吧、大厅及休息室均是以中和色调及斯堪的纳维亚风格设计的。酒店整体环境的功能之美与适度装饰，在其混凝土、橡木家具及写实设计的艺术渲染下，与热闹缤纷的格拉西亚大道形成鲜明对比。此外，玛戈特之家酒店内的品牌专卖店（如布朗普顿自行车专卖店、埃及棉织品专卖店等）充满了异国风情，这样经营的根本目的是向顾客展现巴塞罗那对异国文化所持有的包容态度。

A place feels like
home when...
you have everything
you need and you
can ask for anything
you want.
MARGOT
HOUSE
MARGOT
HOUSE
NEIGHBOURHOOD GUIDE
PLEASE,
CLEAN
MY ROOM
WHILE
I AM...
DO NOT
DISTURB,
I AM...
MARGOT
HOUSE

4

MARGOT
HOUSE

BABY,
LIGHT MY FIRE

BARCELONA
MARGOT
HOUSE
5

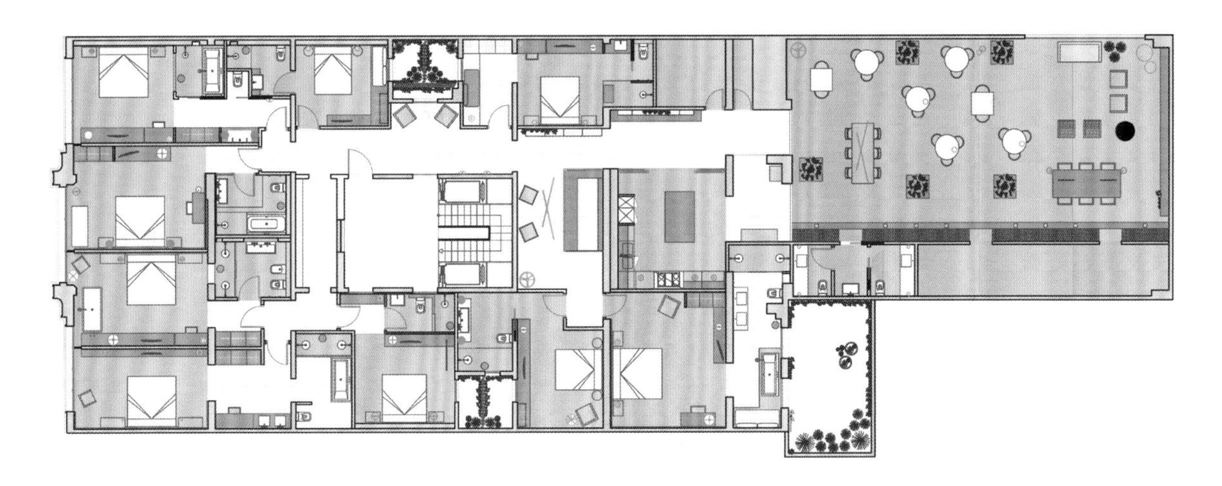

奥瑟托尔旅馆

清迈，泰国

IN Pooritat Kunurat　**ID** ACE*design　**LD** Green4Rest Landscape 园林设计建设公司

奥瑟托尔旅馆（Oxotel）坐落于泰国清迈20世纪70年代建造的一座三层写字楼中。这家五星级旅馆在多年来的经营过程中，一直都是以充满欢乐、活力及舒适的装饰氛围来赢得大众好评的。基于可持续性设计的理念引导，奥瑟托尔旅馆的建筑和室内空间得到了充分的改造。正如您所看到的，该旅馆的整体空间是由老柚木、铁材、混凝土及钢材原料所构建而成的，这种装修设计使得室内环境的整体氛围弥漫着一股当代工业的美学气息。楼梯栏杆、金属闸门及通风装置上的六边形图案是该旅馆装饰的又一大特点，这种设计要素充分体现了该旅馆环境氛围具有的一种古典艺术气息。此外，为了突出奥瑟托尔旅馆的现代古典装饰色彩，每一层楼中都设置了清新优雅的草地阳台，形成了环绕于一楼四周的绿色风景，它不仅映衬了老式拖车的安逸姿态，而且倡导了一种生态环保的理念。

GENTS

Chom Thong
Chiang Dao
Fang
Hang Dong
Saraphi
Mai Ai
Chai Pra

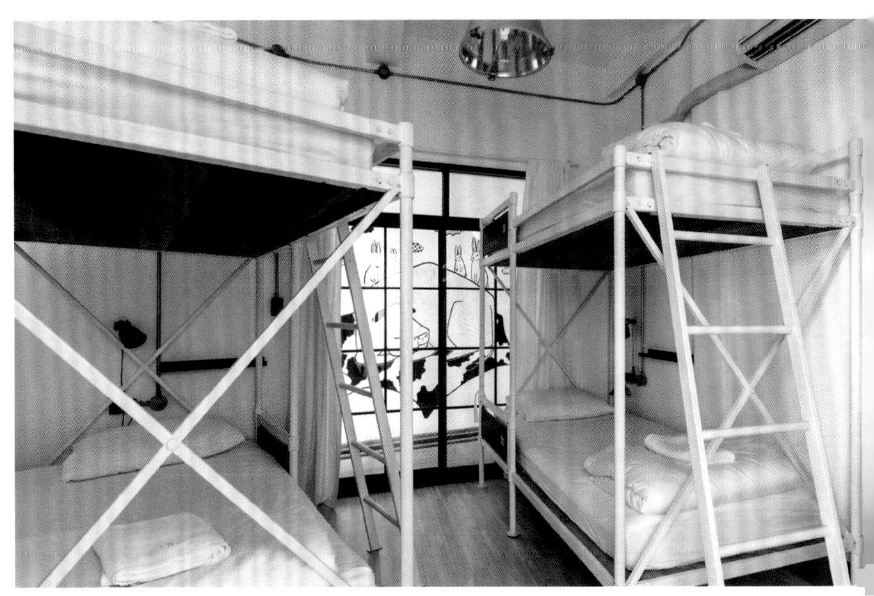

收件箱胶囊旅馆

圣彼得堡，俄罗斯

IN DA建筑公司　**CL** 收件箱胶囊旅馆

收件箱胶囊旅馆（inBox Capsule Hotel）是俄罗斯圣彼得堡的一家舒适型创新旅馆。多年来，他们一直是以满足轻装旅行者的客观需求为经营理念。收件箱胶囊旅馆设有独创的睡眠寝室、共享厨房、浴室、图书馆及餐饮区等。这种阁楼式的空间设计意在鼓励当地居民能够与来访的游客进行彼此间的社交活动。基于该旅馆建筑的历史风貌，DA建筑公司将室内砖瓦与天然保暖材料进行了协调的整合，从而营造了一种舒适且随性的美学氛围。装饰涂料的艺术渲染使得砖墙显得既坚实又整洁，而木制家具与金属材料的构造也反映了该旅馆具有的一种紧凑结构与简约风格。黑白相衬的色彩组合与温暖、和谐的木制环境形成了鲜明的对比，而这种装饰风格也在某种程度上赋予了其室内空间一种家庭般的舒适与温馨。

亚历克斯酒店

珀斯，澳大利亚

ALEX HOTEL

IN Arent&Pyke **ID** Studio Field **AR** spaceagency **PH** 安森 · 斯马特 **CL** 珀斯亚历克斯酒店

“让酒店如同家一般温馨”是亚历克斯酒店（Alex　Hotel）长期秉承的理念。Arent&Pyke为亚历克斯酒店所做的设计，是基于文化、个性、宁静与工艺四种概念形成的。这种装饰形式在其美学概念的引导下，则使得室内环境的氛围变得十分具有家庭式的温馨感。“亚历克斯”（Alex）具有一种象征意义，它代表着一个众所周知的朋友，为了使顾客能够在这种轻松、舒适的环境中产生似曾相识的感觉，酒店大厅的工业设施则采用了抽象毛毯、柔软的沙发、植绒地毯及各种新奇元素来进行装饰。完美的色彩搭配对亚历克斯酒店来说也是十分重要的，为了赋予酒店环境一种清新、爽朗的生活气息，Arent & Pyke采用了柔和淡雅的自然色调来渲染室内空间。

MID-CENTURY MODERN COMPLETE
GOODS
GRACE
VIVIENNE WESTWOOD

GOODS

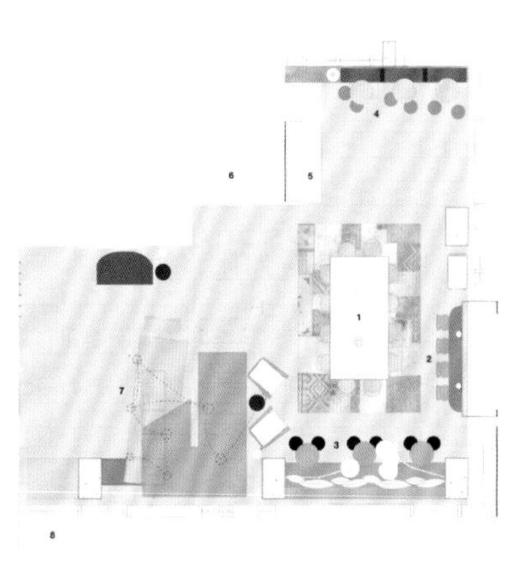

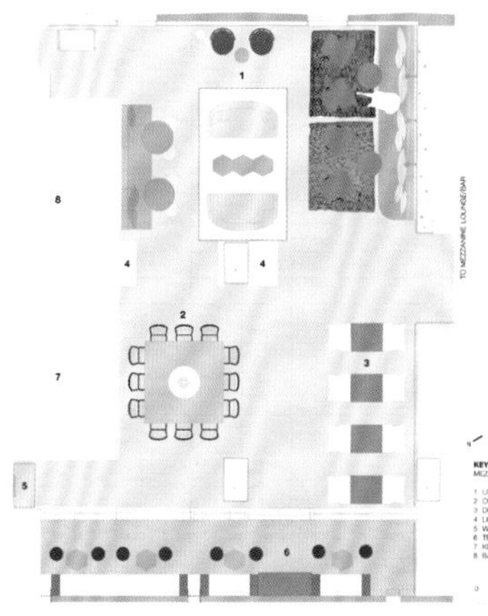

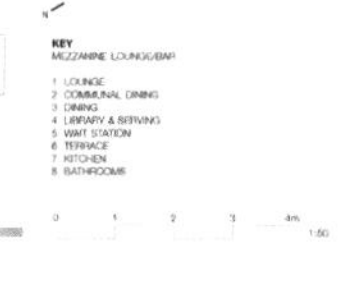

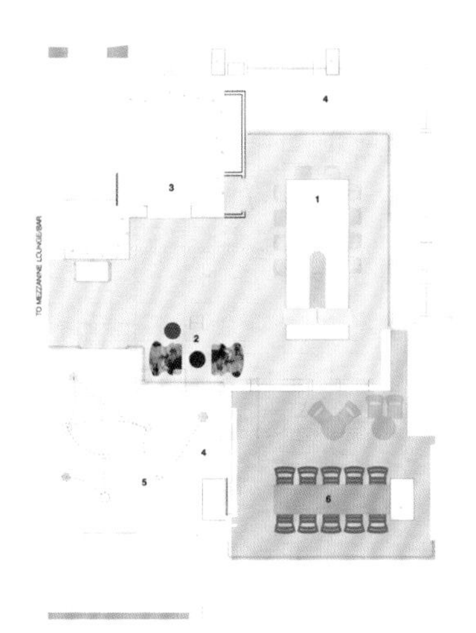

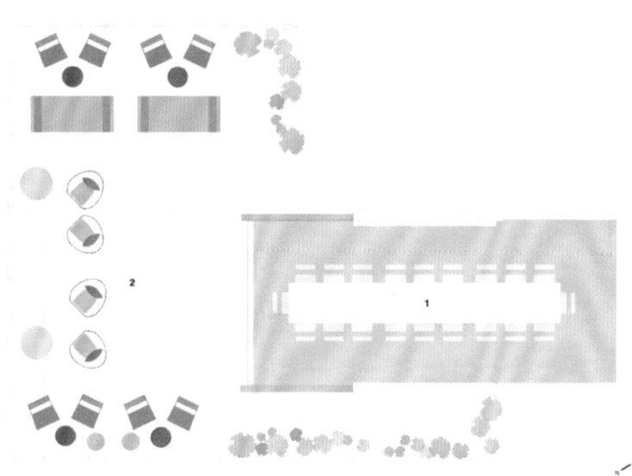

KEY
ROOF TERRACE & FUNCTION/MEETING ROOM

1 MEETING/FUNCTION ROOM
2 ROOF TERRACE

0 1 2 3 4m
1:50

德罗格酒店

阿姆斯特丹，荷兰

droog

IN & ID 楚格设计工作室

德罗格酒店（Hôtel Droog）位于荷兰阿姆斯特丹。多年来，该酒店一直致力于以一种清新、典雅的艺术风格来挑战国际酒店的装饰风采。基于德罗格酒店丰富的场地空间，楚格设计工作室（Studio Droog）以展览、讲堂、美容院及零售店等媒介形式，为顾客营造一种多样的社交体验，而他们为该酒店打造的综合图书馆，则是以一系列简约、时尚的家具和装饰壁纸搭建而成的。戏剧性的五彩壁画与装饰桌椅形成了一种完美的组合，不仅提升了酒店装饰的统一格调，而且还在室内空间中呈现出一种强烈的视觉效果。酒店舒适的庭院、大厅及社交场地具有双重属性，顾客不仅可以在这里举行自己企业的讲座、会议与野餐，还可以在鸟鸣及自然光线的牵引下，与酒店户外的生态气息产生强烈的共鸣。

THE
FAITH
IN
REALITY
TRUTH

Generator 酒店

阿姆斯特丹，荷兰

GENERATOR

CR The Design Agency

作为欧洲酒店的引领品牌，Generator酒店在多年来的经营过程中不仅成功保留了荷兰历史的文化精髓，同时也在其发展中一直处于当代设计及创新研发的最前沿。由于Generator酒店坐落于先前的学术科研大楼之中，因此它的室内设计仍保留了讲堂大厅及科学实验室的独特风格。

与此同时，为了能在保持原汁原味的环境基础上区别于原先的装饰风貌，该酒店以丰富的醒目色彩与趣味图形，对重新构造的迷宫空间和社交场地进行了革新渲染。Generator酒店紧邻阿姆斯特丹东部公园，在这样一个地理位置下，为了使顾客在这里休憩之时能够随时欣赏到户外的魅力景色，该酒店在客房内安装了一系列的全景窗。酒店客房内的墙面壁纸是以热带生物为装饰主题的，设计师采用这样一种创作形式意在向人们解读动物学历史具有的一种结构性体系。

STOOKER ROASTING CO.
PIZZA
ESPRESSO
AMERICANO
ALL DAY
BOOZY BRUNCH
&
DINNER
NESCIO SAYS..
ORDER AT THE BAR PLEASE!

TALL PEOPLE BEWARE
TALL PEOPLE BEWARE

COFFEE LAB
Amsterdam
Beers
TWO CHEFS BREWING
DRAFT BEERS

圣保利顶级酒店

汉堡, 德国

IN DREIMETA　**PH** 史蒂夫 · 荷鲁德　**CL** Superbude

圣保利顶级酒店（Superbude St. Pauli）位于德国汉堡。其所在的建筑是汉堡圣乔治区先前的德国邮政大楼。革新该酒店的室内空间和时尚品质，是Dreimeta为其设计的核心理念。为了实现这一特定目标，该建筑公司将海港和街道的人文情调融入酒店的装饰设计之中。定向刨花板及脚手架管是该酒店的主体装饰结构，而其对"盒子""容器""海港"等关键词的运用，意在以一种文字语言来表现其艺术形态和美学效果。酒店内的功能属性在小规模的改造下有了突破性的改进，例如床头板背后设置了安全网框架，客房墙壁采用仿木塞质感的壁纸，以及吧台采用啤酒箱似的构造。此外，酒店一楼大厅的黄色混凝土模架，以一种绳索风格映射了汉堡这座港口城市的人文气息。由当地报刊所构建而成的装饰壁纸，也以一种原真且富有活力的姿态使顾客感受到了汉堡平凡淳朴的生活方式。

Ah, Seeluft!
HAMBURG
Mit der Lilo auf Wanderschaft
Ich bin ein Hamburger
WOCHENSCHAU
Unser Haus!
Wohin du auch gehst
Sollen die Esso-Häuser abgerissen we

MAKIA
Ah, Seeluft!
Open your eyes

614

奥考酒店

格勒诺布尔，里昂
戛纳，法国

IN 帕特里克·诺尔盖　**ID** 蛋糕设计，里昂拉法叶蓬奥考酒店　**CL** 里昂拉法叶蓬奥考酒店

早期成立于法国南特及格勒诺布尔的奥考酒店（OKKO Hotel），经过多年的发展，现已在里昂管辖范围内的历史性建筑之中开设了分店。在这里，顾客完全可以以一种放松的心情来俯瞰罗纳河的自然之美。帕特里克·诺尔盖（Patrick Norguet）是当地的一名室内设计师，在该酒店的设计中，他以一种永恒且舒适的当代设计理念来打破现如今的装饰潮流。酒店温馨的客房内以单纯的白色为主体色调，卧床与浴室之间起伏式的百叶窗使墙面所构造的空间显得既宽敞又迷人。此外，为了营造的舒适且清新的休憩环境，酒店的客房内还配置一些生活必需品与便利设施，而公共区域内所陈列的当代家具，也以一种协调、紧凑的风格完美地平衡了酒店装饰的功能与品位。

专家访谈

视觉形象设计经验之谈

视觉形象

瑞特设计, 荷兰酒店

无限设计，东京赤阪觉醒酒店

室内品牌

...,staat创意机构，学生酒店

哈赛尔设计咨询公司，奥华乌鲁姆鲁酒店

关于视觉形象的
专家访谈

Ontwerpbureau Reiters
瑞特设计

与创意总监蒂姆·雷特斯（Tim Reiters）
之间的对话

瑞特设计公司的总部在荷兰的马斯特里赫特，公司在品牌形象与室内图形元素及标志设计方面全面发展。该公司的创始人叫蒂姆·雷特斯（Tim Reiters），公司自创立以来一直使用巧妙、智能的方法发展与客户的长期关系，确保工作室设计出的作品有很强的概念性，也可以提高感知效果。雷特斯认为酒店品牌是在讲述一个故事，这个故事可以将一个产品转化成一个宝贵的鼓舞人心的经验。他们的创新性的设计是独具韵味的，所以总是会给人留下持久、深远的印象。

什么是酒店品牌？你怎样区别酒店品牌形象与酒店产品之间的不同呢？

创建酒店的品牌就像创造一个场景一样。当你用品牌来讲述一个故事的时候，它会使产品看起来更具有吸引力，当然这也是积累阅历的一个过程。

你如何理解"设计酒店"所使用的方法？你是否赞成该方法呢？

我讨厌"设计酒店"这个说法，被迫去做是最不理想的方法了。我们需要的是情绪、感觉、性感和乐趣，这才是人们想要真正体验的东西。重要的是酒店也是同样需要激励的。

你认为现代旅行者想体验什么？你怎样发展你的酒店品牌来满足游客的需求呢？

现在的酒店不仅仅是给游客提供了接触当地文化的机会，也得给人留下持久深远的印象，因此酒店必须是独特而有韵味的。

当你在一个新项目上工作时，你会考虑哪些因素来体现你的想法和理念？

老板和员工的风格和创意是实现新理念的重要因素。你可以拥有伟大的愿景，但是如果员工没有理解它，那么这个概念就没有意义了。

怎样做到"不只是一个设计酒店"呢？你以什么方式与你的"情绪、感觉、性感及乐趣"进行交流，并且将它们贯穿在你的设计中？

当你想创造一种体验的时候，你不能只把一些家具堆砌在一起。所有的事物必须是完整的、和谐的，但不一定是时髦的！

是什么激发了荷兰人的"热情的20世纪80年代的折中主义"？这个视觉概念是怎样吸引酒店顾客的呢？

没有哪个年代像20世纪80年代那样有名，所以沃克斯酒店主要的客户就是在这个年代长大的人，我们认为追溯过去、缅怀过去是很有趣的。

酒店的配色方案和周围的图形如何反映荷兰人的视觉概念？

嗯，很简单，因为他们都有"狂热的20世纪80年代的情结"。

荷兰酒店外在的图形标志和它内部的设计是同时改造的吗？在哪些方面，图形元素和室内设计是相辅相成的呢？

是的，我们也对酒店的内部进行了改造。我认为在这里1 + 1 = 3。如果客户询问了不同的设计师，得到的答案可能就不是这样的了。现在图形标志和内部设计浑然一体，毫无违和感。

在标志和图表版式上的改造会怎样影响客人对酒店的印象呢？为什么这么做很重要？

标志的吸引是很重要的。因为标志的排版是视觉识别的基础，所以让顾客在各处都可以看到的酒店标志是很重要的。

荷兰人是怎样体现马斯特里赫特的文化和特征的呢？你又是如何将当地的潮流和风格融入酒店品牌的呢？

没有，我们只是创造了一种当地独特的感觉。

雷特斯相信酒店也需要不断地激励才会取得更大的成功。

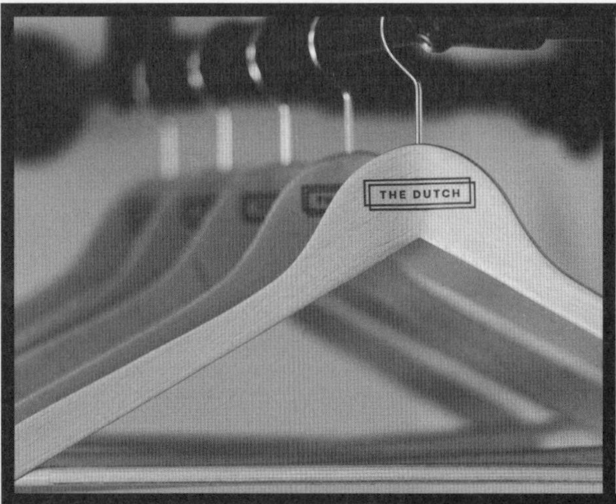

因为标志的排版是视觉识别的基础，所以让顾客在各处都可以看到的酒店标志是很重要的。

现在的酒店不仅仅是让游客接触当地文化，它也得给人留下持久、深远的印象。因此酒店必须是独特而有韵味的。

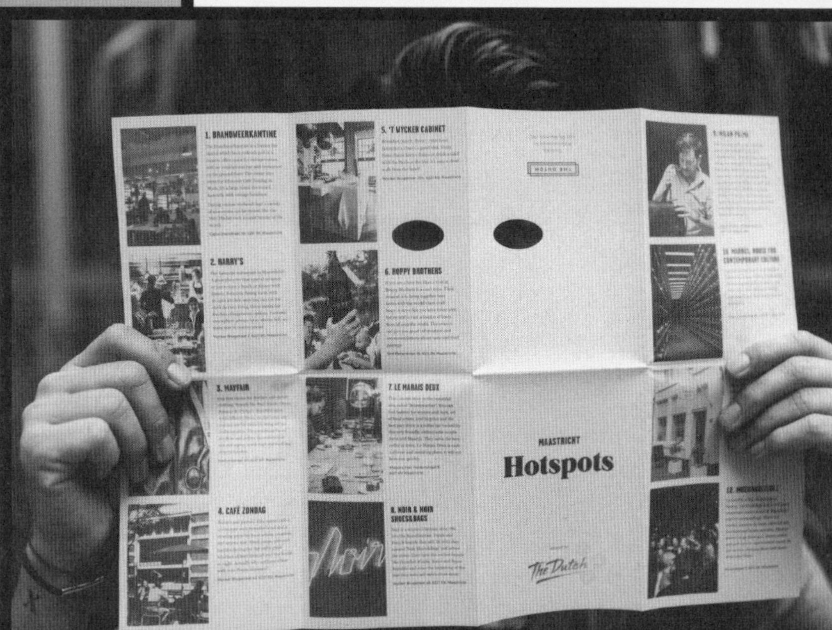

“我们需要的是情绪、感觉、性感和乐趣。这就是人们想要真正体验的东西。酒店也同样需要激励。”

“天真”背后的引申义是什么呢？如何将其应用到工作室的设计方法中呢？

“天真”本身指的是纯天然的意思，但指标志的时候就不是这个意思了。同时，“天真”可以理解为一种纯粹的状态，不添加任何装饰。在我的设计中艺术性和质朴性同样重要。

你如何理解“设计酒店”的方法呢？你是怎样同意或不同意该方法的呢？

品牌就像是混合不同音符的交响乐一样。每一个音符都有自己的特点，当它们在一首乐曲中和谐地排列时，它们就构成了新的意义。无论是酒店品牌还是其他品牌项目，都同样适用。

你如何理解“设计酒店”的总体思路呢？

这些“设计酒店”看起来缺乏重点，而且很多都是建立在过分装饰的基础之上的，缺乏深刻的内涵概念。我想让甘乐酒店和觉醒酒店脱离这种传统的模式。

你认为现代旅行者想体验什么？你的酒店品牌的发展如何适应现代旅行者的需要呢？

旅行者希望在一个特定的地方寻求一种特殊的体验，所以我们的目标就是给游客创建一个不同于我们的日常生活的体验。

你如何理解现代日本的设计风格，在你的工作当中，你是否经常使用日本元素？

对我来说，日本的现代设计既包含了全球感性的美，又体现了传统的日本美感。天真有限公司意识到这一点，保存了日本的传统核心价值观。但是我认为普遍的概念或“日本主义”不是现代日本的艺术美感，如果它没有国际吸引力，就不能说它是现代的艺术。

“侘寂美学”对于你们来说有什么意义呢？你在京都甘乐酒店标志的配色、字体和图标的选择方面又是怎样体现这个美学意义的呢？

“侘寂”是日本美学的统称。它不仅是颜色的组合，更是在传达一种气氛和意识。主要是赞赏老旧的事物，显露出的一种充满岁月感的美。它是日本传统的情感，带领我们寻找“侘寂之美”。我在京都的项目中尤其体会到这一点。

你是怎样平衡日本文化和国际的文化的呢？这样做的重要性是什么呢？

我希望把日本传统文化与现代全球文化相融合。一半日本传统文化，一半现代全球文化，但是也要保证日本文化不能完全凌驾全球文化之上。我们可以在“表面”上的采用现代全球文化的基调，在“内部”里采用传统的日本美学。

赤坂觉醒酒店的字体和图标是怎样诠释“觉醒”的概念的呢？

为了表达“觉醒”的概念（“risveglio”，为意大利语“觉醒”的意思），我们设计了一个具有残缺美的形状和体系。残缺意味着增长和惊喜，客人在入住酒店期间会体会到这一点。品牌不仅仅指的是标志，也表达了“残缺”这个概念。

你们的“觉醒”品牌是怎样迎合商务游客的呢？

酒店所处的位置是众所周知的小型商业酒店竞争激烈的地方。我们想把觉醒酒店提升到一个新的高度，使它既时尚又平易近人。虽然黑色和金色给酒店品牌增加了复杂性，但是酒店的图标和邀请词又给人一种脚踏实地的感觉。设计中包含了英语和日语，使得日本国内和国际游客都很方便。

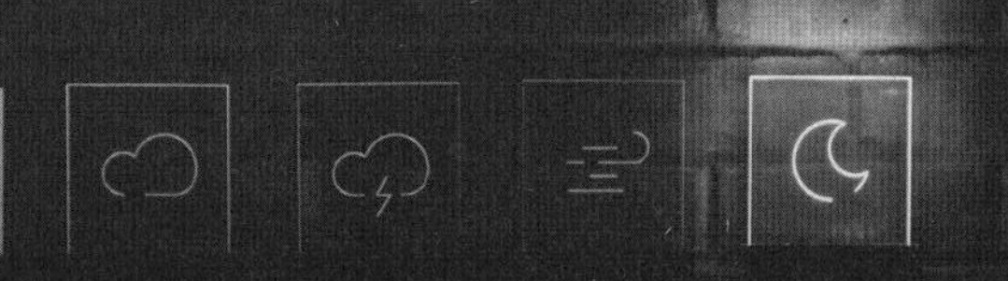

物联网设备发出的实时天气与赤坂觉醒酒店大堂的图标相匹配。

在东京和京都，由川上俊创办的日本天真视觉设计有限公司公司，可以承接各种艺术和设计咨询、品牌设计、建筑设计、数字应用和艺术家策展等项目。当意识到多角度交流设计语言的重要性的时候，他们的互联网团队就壮大了，不仅包括创意设计师和建筑师，还有电影导演、音乐家、书法家和花卉研究者。在艺术和设计之间进行非艺术的工作，可以有效地挑战人们对“视觉语言”多样性的认识和反应。

关于视觉形象的
专家访谈

–

artless Inc.
无限设计

与艺术总监川上俊的对话

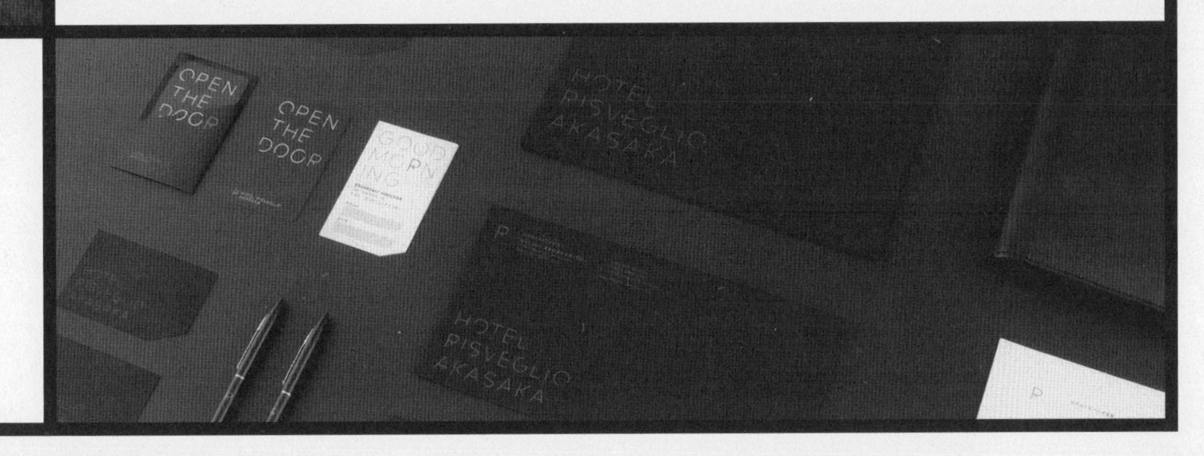

“一说到品牌酒店，我们设计的其中一个目标就是探讨如何创造一个不同于我们的日常生活经验的酒店。”

赤坂觉醒酒店的品牌不仅仅指的是酒店的标志，同时也体现了“残缺”的概念。

“残缺”的概念呼应了“觉醒 ”这个词。

天真视觉设计有限公司想再建立一个“觉醒”酒店，从而给人营造一种别致、时尚而又平易近人的感觉。

你认为好的设计应具备什么样的特点呢?

好的设计不仅是用来解决实际问题的,而且要求设计师打破偏见、对机遇和挑战保持开明的头脑,并在熟悉的和未知的领域之间建立一连串的相互交叉和意想不到的联系。设计在人、物及跟你有关的环境之间建立一种感情关系,最终将你与文化、社会周围不断变化的环境紧密联系在一起,构建一个你可以终止、改变和发展的故事,这个故事就是根据你的本心而不断发展的。

你如何描述你的设计风格,它是如何发展和变化的呢?

我没有那么多的自然风格,因为我一直在寻找一种方法将设计与情感记忆联系到一起。这对我来说是非常重要的,因为一旦我找到了这个方法,我就可以在为不同的客户、对象和活动设计时使用这同一个流程。

主要的艺术活动、设计师或艺术家在您的创作风格中发挥了怎样的作用?

阿切勒·卡斯蒂格利奥尼和维克·马吉斯特拉蒂激发了我对设计的热爱,并且给予我勇气来追求我的职业梦想。他们是我职业背景的一部分。从阿切勒·卡斯蒂格利奥尼身上,我学到了奇特和严谨的重要性,正是这两点让我做的项目令人难忘。我是一个善于观察的人。我要观察我所处的社会发生了什么,并且试着明白当代的特点是在那些地方体现出来的,然后来诠释它。

你在西班牙长大,又在意大利接受的教育,这样的经历是如何帮助你进行室内设计和建筑设计的呢?

我从小就想成为一名建筑师。我在马德里学习建筑学,这是一门非常传统的课程,毕业之后我就搬到了米兰。结果证明我的选择是很正确的。米兰给了我很多机会,使我有了信念,让我有机会与大师阿切勒·卡斯蒂格利奥尼和维克·马吉斯特拉蒂一起工作,所以我决定留在米兰。

马特朱利亚酒店的设计是怎样体现米兰文化与审美的呢?

我们在房间里融入了许多米兰复古式的设计,比如古老的米兰酒吧里的细木护壁板(这是一种经典华丽的木镶板),但是同时我们还设计了一个现代的自旋。房间的玻璃是波浪状的,你可以透过玻璃看到城市里老旧的有轨电车,并且这个玻璃将早餐区与空桌子分割开来。此外,在衣柜和货架上可以看到一种像黄铜一样的金属,这也是复古经典的一种表达方式。

你如何平衡复古而丰富的米兰文化和现代风格的设计之间的差异呢?

马特朱利亚酒店位于米兰的市中心,所以我想让它的美彰显出城市的真正魅力,这是一种新鲜的、有趣的和热情的美。我以一种平衡的方式体现了城市的色彩、材料、图像、语言及它的严谨性。在大厅里,我们用一种反讽的方式陈列着许多米兰纪念品。

我用一种平衡的方式体现了城市的色彩、材料、图像、语言及它的严谨性。

关于室内品牌的专家访谈

帕奇希娅·奥奇拉

(Patricia Urquiola)

与设计师兼建筑师—— 帕奇希娅·奥奇拉
(Patricia Urquiola) 的对话

出生于西班牙的设计师兼建筑师帕奇希娅·奥奇拉现在在意大利米兰生活和工作。2001年她创办了奥奇拉工作室，主要从事产品设计、建筑设计及施工。奥奇拉的设计风格是与女性相关的现代简约式，并且在设计领域独具风格。作为室内设计师和建筑师，她的设计始终如一地通过独特的材料、图案和构图展现给对方。她美丽和高雅的品位让她的作品散发着独特的魅力，并且激起人们的好奇心，因此塑造了她如今令人印象深刻的艺术家的形象。

你认为室外图形材料和室内图形材料之间有什么重要关系呢？你是如何将这一关系运用在马特朱利亚酒店的呢？

因为马特朱利亚酒店所在建筑的前身是银行大楼，所以该项目有严格的计划。因此建造出来的酒店是把许多之前熟悉的细节以新旧结合的方式呈现出来，这样米兰的居民就会依然保留对银行大楼的记忆。

酒店的室内设计是怎样颂扬主教座堂广场的特点的呢？

我们采用的经典元素均出自于米兰的20世纪50年代、60年代和80年代。每一个元素都特指米兰某一个令人熟悉的细节。例如酒店大堂的地板可以让游客想到教堂或当地咖啡厅里的粉色大理石。你可以在酒店大厅的弧形墙上看到陶瓦砖和其他米兰建筑的典型风格，这种设计营造了一个立体的效果。此外，几何图案几乎遍布整个酒店，反映了城市的图形艺术，这也是米兰文化的重要组成部分。

您如何理解现代旅行者的需求？酒店的85个房间是怎样满足他们的需求的呢？

酒店设计的目的是创造一个令人熟悉的空间，让客人能够在这个临时居住的房间里找到自己需要的一切东西，就像在自己的家里一样。我很自豪我们能够拥有这样的酒店。这个酒店有自己的特点，同时又与该城市的特点相协调。由于酒店位于市中心，所以这样的价位已经非常平价了。我们能建造出这么高水平的酒店，我感到非常自豪。我的朋友也可以住在这里，我感到非常开心。

“我们的目的是想要创造一个令人熟悉的空间，让客人能够在这个临时居住的房间里找到自己需要的一切东西，就像在自己的家里一样。”

哈塞尔设计咨询有限公司（HASSELL）是一个国际性的设计公司，该公司一直致力于创造人们喜爱的场所。随着工作室不断发展，分公司遍布全球，哈塞尔的设计价值也逐渐被建筑师、室内设计师、景观设计师、城市设计师、规划师及实际操作的专家顾问所共享。通过赋予某个地方一定的意义，将人与周围的环境联系起来，这个团队为日益复杂的项目创造出了优秀的作品。这些日益复杂的项目也在要求设计师在设计思路和思想传达方面不断地合作和创新。

关于室内品牌的
专家访谈

HASSELL
哈赛尔设计咨询公司

与奥华乌鲁姆鲁酒店的设计总监
和哈赛尔设计咨询公司高级经理
马修 · 希尔戈尔德（Matthew Sheargold）的对话

奥华乌鲁姆鲁酒店的品牌是有趣的并且充满年轻活力的。它的使命——让客人每天都光芒万丈更加加强了这一品牌理念。

哈塞尔的核心价值观和信仰是什么?

哈塞尔设计人们现在和未来喜欢的地方。我们的核心价值观就是奇特和合作。这些空间的最终用户，也就是我们的客户，是驱使我们成功的动力。我们的目标是通过设计促进地方经济、社会及文化的发展。

你认为好的设计应该具备什么特点?

好的设计可以满足客户的需求和目标。它应该是轻松而直观的。好的作品，当它的某个功能失灵后，它自己就可以暴露出来，不需要专门的设计师来研究发现。我们说的好的设计指的是人们在使用它时，它能给人们带来美好的感受，以及它们能够创造意义与价值。

好的设计是怎样与人们产生联系并丰富人们的经历的呢?

好的设计会吸引人们光顾。伟大的设计会让他们再次光临。完美的设计是微妙的，但完全能经受得住考验的是有包容性，但也具有挑战性。伟大的设计都必须有一个坚实的基础，它会经历考验、挑战，然后再发展，然后又考验的过程。它可以让人们经营自己的旅程并且创造自己的回忆，同时也可以将该空间与城市更深层次的概念联系起来。

奥华乌鲁姆鲁酒店“直想通过设计将人们与酒店的地理位置联系起来，你对此有什么看法?

奥华乌鲁姆鲁酒店的品牌充满了年轻活力。它的使命——让客人每天都光芒万丈，更加加强了这一品牌理念。客人们在居住过程中可以体验到酒店的每一个特点，同时酒店的场所感也是非常重要的。每一个酒店都呼应一个地理位置，奥华乌鲁姆鲁酒店就位于典型的悉尼港。奥华乌鲁姆鲁酒店不仅展示了其独特的建筑风格，而且表现出悉尼自身的个性和特点，将奢华与沉稳结合在一起，这便是悉尼的核心文化所在。

你认为现代旅行者的需求是什么，你的设计方法是怎样迎合他们的这些需求的呢?

现代旅行者很灵活，并且适应性很强，他们知识渊博、技术娴熟，并且完全可以掌控自己的行程。他们计划的豪华行程总是能完美地实现。他们想要自主和隐私，从不考虑已经考虑过的小细节。作为设计师，这意味着我们要始终审视我们的想法，通过多种方案，确保我们的设计能够迎合每一个旅客的每一种心态。

你怎样将悉尼标志性的手指码头的景观融合到奥华乌鲁姆鲁酒店的室内设计当中的呢?

奥华乌鲁姆鲁酒店完美地平衡了新与旧的概念。它避免了两种易犯的错误：隐藏该酒店作为码头的旧身份；把背景作为设计的重点。该酒店的设计找到了保留旧址并为其注入新生命的方法。如果没有过去的影响，新的酒店就无法正常经营下去，旧址也同样需要新鲜的事物为其注入活力。

你为什么选择把天窗和树木这些元素融入酒店设计中呢?

酒店的公共区位于中庭空间的正中间，实际上是一条公共通道。码头的另一端可以允许居民一天24小时、一周7天地在那里居住。因此，我们没有关闭酒店的周边区域，而是向公众开放，这样就感觉跟街道似的。酒店中的树木增加了人们活动的空间，天窗又提供了自然光，从而吸引了新的顾客。

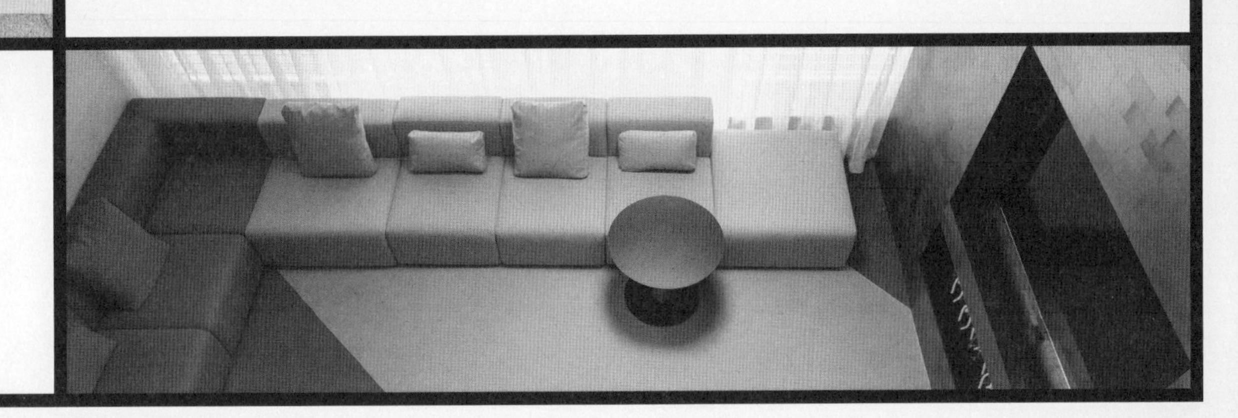

“好的设计可以让人掌控自己的旅程，并且创造自己的记忆，同时也可以把酒店与城市更深层次的意义连接在一起”。

展馆可以扩大酒店的规模，同时也增加了酒店的基础设施，这样就可以展览文物，使文物不会一直被放在博物馆中了。

为什么要在酒店的大堂里建一个展馆呢？是什么激发了你这个想法？

中庭位于酒店的心脏位置，一进门就让人感到很震撼，令人印象深刻。该酒店可以让客人真正领略到悉尼的历史，但是你必须得花费足够的时间才可以。此外，由于酒店的几何形状，酒店空间是一个风洞，导致酒店夏天非常热，冬季非常冷。展馆的引入，可以扩大酒店的规模，也还可以充当防风林，增加酒店的基础设施，同时也可以展览文物，从加热装置到艺术品都可以展览，这样就使文物不会一直被放在博物馆中了。展馆的形式和细节都是属于建筑本身，但它们完全是现代风格的，这样就使酒店看起来特别时尚。

你怎样为现代旅行者提供一种环境，使他们能完美地平衡工作、娱乐和休息的时间呢？

奥华乌鲁姆鲁酒店的目标是给客人创造一种“轻松的生活”。如今，酒店客人都希望能够在工作、休息和娱乐三者之间无缝切换，所以奥华乌鲁姆鲁酒店就通过整合技术和设施完美地呼应了这一需求。我们通过对灵活的工作环境的了解，对酒店进行相应的设计，从而打造可以满足新一代客人需求的空间。各种各样的设备可以让客人及时召集和联系对方，也可以随时远离外界的干扰。

您如何评价您通过室内设计为酒店客人创造的整体体验和氛围？

这个改造后的酒店充满悉尼的风情。这是一个新的欢迎各国游客的场所，它旨在让客人们管理自己的旅程，从而吸引客人能够再次光临酒店。酒店设计是酒店发展的基础，可以通过客户体验加强自己的品牌价值。

设计师简介

...,staat

...,staat 创意工作室成立于 2000 年，其位于荷兰首都阿姆斯特丹。...,staat 设计工作室多年来一直致力于与当地的人才和国际品牌进行合作，其创意团队不仅拥有灵感十足的策划师、文案撰稿人及视觉艺术家，而且还有能够将品牌概念打造为实体艺术的设计师、建筑师及项目制作人。激情是 ...,staat 创作的动力源泉，而他们在品牌、建筑及广告艺术中所表现的淳朴，就是在这样一种驱动力的引导下完成的。

25AH

25 艺术之家（25AH）是瑞典斯德哥尔摩的一家品牌设计公司，其业务主要是以商业战略的模式来为人们打造一系列具有时尚风格的品牌形象设计。品牌与消费者之间有着情感化联系是 25AH 所始终坚信的理念，为了证实这样一种思想，该公司以战略思维及调查研究的形式来对其创新观点进行视觉化的表现。

ADC STUDIO

ADC STUDIO 是一家综合型创意工作室，其业务主要包括广告设计、印刷工艺、品牌塑造、艺术指导、文案编辑及网页设计等。基于十年来的从业经历，ADC STUDIO 已经完全从激烈的竞争环境中脱颖而出了，因为他们不仅能够在当今的市场环境中准确地把握顾客的品位，而且还能让未来的梦想变成今日的现实。

亚历山大·比安奇

亚历山大·比安奇（Alessandro Bianchi）出生于意大利热那亚，他在多年来的学习过程中，深受着众多 20 世纪米兰建筑大师的影响，如米开朗基罗、博罗米尼和勒·柯布西耶等。住宅改造和城市规划是比安奇长期投身于的设计项目。当他在为这些装饰环境进行艺术渲染之时，其室内空间中的细节要素则是比安奇所重点打造的对象。比安奇成就了许多优秀的城市建筑与室内空间，本书中所介绍的米兰塞纳托酒店就是比安奇最为经典的装饰设计作品之一。

AllesWirdGut

AllesWirdGut 是一家致力于为生活空间、企业、大学及节日庆典打造装饰设计的创意工作室，该公司由安德里亚斯·马特（Andreas Marth）弗里德里希·帕斯勒（Friedrich Passler）赫维希·施皮格尔（Herwig Spiegl）和克里斯汀·瓦尔德纳（Christian Waldner）共同创办经营。通过探究可持续性设计与功能设计之间的协调性来构建未来生活空间，一直是该公司所多年坚持的理念，为了能够在更大程度上实现这一目标，他们近年来又开始加强与众多优秀的多元文化设计师的合作。

Anagrama

Anagrama 是一所位于墨西哥蒙特雷的精品设计工作室，其业务主要包括品牌塑造与商务咨询等。多学科综合小组是 Anagrama 设计团队的创意决策部门。在小组专家的建议与引导下，该工作室不仅能为客户打造出创新且时尚的装饰设计，而且还能为顾客研发出企业最需要的定制系统。

Arent&Pyke

Arent&Pyke 是澳大利亚的一家装潢设计公司，其创办人是当地著名的两位设计师莎拉·简·派克（Sarah-Jane Pyke）和朱丽叶·阿伦特（Juliette Arent）。以创意性的表现来解决生活中的难题，是 Arent&Pyke 设计团队自组成以来长期秉承的理念，因此它的装潢形式，无论是改造原始的围墙还是搭建新式的围墙，其价值观念都能引导该公司以一种纯粹的艺术品质来满足客户的需要。

artless Inc.

artless Inc. 是日本杰出设计师川上俊（Shun Kawakami）在 2001 年创办的一家国际品牌广告公司，其创办地点位于日本的两大国际都市，即东京与京都。多年来，artless Inc. 一直致力于打造优秀的视觉传达设计和品牌形象设计，其创作项目主要包括网页导航设计、用户界面设计、动态图形设计、产品设计、室内设计、建筑设计及标志设计等。artless Inc. 的每一次创作都能确保以一种新的视角来满足客户的需要，而他们这样做的原因就在于他们拥有一支强大的创意团队。

concrete

Concrete 是澳大利亚的一家品牌创意公司，其业务项目主要包括建筑设计、室内设计及城市规划等。该机构的设计团队总共有 46 名创意成员，其多才多艺的创新方法往往能够以一种独特的表现形式来满足广大客户的需要。Concrete 善于以一种哲学式的方法来思考问题，因为当该公司成员在进行艺术创作时，他们总会在无形中以一种创新式的理念来挑战教条化的思想。

CONTI, CERT.

Conti, Cert. 是一家室内装潢设计公司，其创办人为安德里亚·康迪（Andrea Conti）和艾莎·赛尔（Isa Cert）。多年来，Conti, Cert. 在安德里亚与艾莎的引领下，一直致力于以天然材料（特别是木材）来打造最为简约和可持续性的装饰设计，而该公司之所以能在此方面做出巨大的成就，是因为他们对巧妙、清雅及永恒性的建筑艺术有着浓厚的兴趣。

DA architects

DA 建筑公司成立于 2012 年，其创办人为鲍里斯·洛佛瑞斯基（Boris Lvovskiy）、安娜·鲁金科（Anna Rudenko）和费多尔·戈雷亚德（Fedor Goreglyad）。直至 2016 年，该公司已经完成了 70 多个建筑项目，其设计对象主要包括小型公寓、娱乐餐厅及办公空间等。

DESIGN METHODS

DESIGN METHODS 是一所位于韩国首尔的设计工作室，其创办人为当地著名的艺术设计师申基铉·金姆（Kihyun Kim）。申基铉·金姆生于 1979 年，他毕业于皇家艺术学院产品设计系。在他的努力下，该公司不仅在 PUX 研发、家具设计、空间设计与品牌设计方面取得了巨大的成绩，而且在设计中的创新式技术方面有了重大的突破。

Döðlur

Döðlur 位于冰岛首都雷克雅未克，其创始人为丹尼尔·阿特拉森（Daniel Atlason）和荷鲁尔·克里斯特卓恩森（Hörður Kristbjörnsson）。Döðlur 自成立以来，就一直致力于打造一个多功能的创意平台，基于它多年来的经验积累，该公司的创作范畴已经逐渐扩展到了更广的项目领域，如标志设计、广告设计、酒店设计及品牌设计等。

DREIMETA

DREIMETA 由阿米·费舍尔（Armin Fischer）创办，其成立时间为 2003 年。DREIMETA 一直致力于以情感化的功能来打造个性空间，也十分注重于将不同学科之间的共性紧密结合在一起。

Axek, Efremov

阿克斯科·叶夫列莫夫（Axek Efremov）是俄罗斯卡累利阿的一名独立平面设计师，其以简易与隐喻表述所设计的项目，主要包括品牌、字体、招贴和标志等。阿克斯科非常喜欢以工艺设计的形式来解决生活中的问题，并且他在创作过程中也十分擅长从大自然中去寻找真实的灵感。

FARM

FARM 是一所成立于 2005 年的建筑装潢设计公司，其从事的项目主要包括社区艺术、公共艺术及艺术家访谈等。基于 FARM 与各大客户间的协作关系，该机构的创作范畴可以说是十分广泛，因为这其中不仅涉及建筑室内设计，还包含工业产品方面的设计。

GASPARBONTA

GASPARBONTA 位于匈牙利布达佩斯，这是一家致力于商业设计、住宅改造及零售开发的多功能创意工作室。在过去的十年里，该机构已经成功打造了室内装饰和品牌塑造等多项美观、实用的艺术作品。

Generator

Generator 作为欧洲发展速度最快的旅游品牌，其影响力已经逐渐蔓延到了伦敦、哥本哈根、柏林、威尼斯、阿姆斯特丹和巴黎等多个城市之中。该机构在多年的发展里，一直致力于为游客打造最为舒适的酒店社交空间。温馨、典雅的室内装饰设计是 Generator 主打的艺术创作形式，其设计理念不仅使自己的装饰艺术得到了提升，而且为其他酒店品牌的塑造树立了一个很好的榜样。

HAGI STUDIO

HAGI STUDIO 是建筑设计师光美·宫崎骏（Mitsuyoshi Miyazaki）在日本东京所开设的一家创意咖啡厅。光美·宫崎骏在校期间被授予建筑学硕士学位，其作品也曾被东京大学艺术博物馆及东京国际艺术展所收藏过。

哈赛尔设计咨询公司

哈赛尔设计咨询公司（HASSELL）是一家致力于为人们打造理想空间的创意工作室，其设计团队汇集了全球著名的室内设计师、景观建筑师、城市规划师及专家顾问等。发展空间、人与周边环境的共鸣效应是哈赛尔所长期秉承的设计理念，在这种创新思路的引领下，该工作室的作品总能以一种独特的艺术效果来感染顾客。

HI company

由库米瞳（Kumi Hitomi）所创办的 HI 公司成立于 2006 年，是一家致力于为顾客打造印刷、包装、标志、图形、网页及应用程序设计的创意工作室。库米瞳毕业于普瑞特艺术学院，她之前也曾在纽约和东京工作过一段时间。

Hostelgeeks

Hostelgeeks 是由欧洲杰出的摄影师安娜（Anna）与艺术作家马特（Matt）所创办的一家五星级酒店。酒店内所设置的公共评分系统以一种透明的模式展现了该酒店自成立以来所取得卓越成绩。Hostelgeeks 与其他的酒店有着较大的不同，因为它并不仅仅为现代旅行者提供舒适的休憩环境，而且还致力于为旅行者打造一个能够感受到世界豪华氛围的多样空间。

HOTEL PANACHE

羽饰家庭旅馆（HOTEL PANACHE）位于蒙马特市区与若弗鲁瓦玛丽的交叉路口处，其位置临近于巴黎市第九区的女神游乐咖啡厅（19 世纪 90 年代至 20 世纪 20 年代为其鼎盛时期，与黑猫夜总会齐名）。之前巴黎最受青睐的马德里皇家剧院酒店（Opéra-Madrid）现在也正在进行全方位的改造，而此次装修的重点是设计 36 个艺术之窗来展现巴黎这座城市的生气与活力。

Javas Lehn Studio

加瓦思·莱恩设计工作室（Javas Lehn Studio）是位于美国纽约市的一家创意设计公司，其艺术创作主要是针对时尚画廊和房地产公司的客户。

KesselsKramer

凯塞尔斯克雷默（KesselsKramer）是于 1996 年成立的一家独立通讯公司。其经营范围在它广泛的影响力下，现已扩散到了阿姆斯特丹、伦敦及洛杉矶等多个城市之中。凯塞尔斯克雷默的企业精神是他们最为宝贵的财富，因为无论是在影视创作方面，还是在科技研发方面，他们都会将这种精神的“灵魂”融入设计理念之中，进而满足客户的需要。

Eszter Laki

埃斯特·洛基（Eszter Laki）毕业于匈牙利美术学院，其所创作的作品主要包括印刷工艺和手工工艺。洛基的客户主要来自于布达佩斯及海外的一些俱乐部和餐厅，其所设计的项目主要包括品牌形象塑造及限量食品包装。

LAMBS AND LIONS

本着对艺术创作的热情，柏林羔羊狮子建筑公司（LAMBS AND LIONS）意在追求一种以活力、整体且人文的理念来为酒店打造非同寻常的设计。羔羊狮子建筑公司的装饰作品充分融入了酒店文化，而这种特点不仅体现在该公司设计的室内结构中，同时体现在他们所创作的各类装饰项目里。

Li, Yi-Hsuan

李宜轩 1992 年生于中国台湾，她在生活中十分热衷于尝试新颖的材料和观点来进行艺术创作。李宜轩的作品曾荣获过金点概念设计奖和 DFA 亚洲设计奖。目前她正在芬兰埃斯波的阿尔托大学就读界面及视觉传达设计专业。

Mamastudio

Mamastudio 是一家致力于为品牌、空间、客户、产品及网络（实体）组织打造视觉形象设计的创意工作室。该机构在多年来的发展中，一直坚信视觉传达设计的魅力能够使波兰华沙的城市风貌尽显在艺术形态之中。

Masquespacio

Masquespacio 成立于 2010 年，它是阿纳·米莱娜·赫尔南德斯·帕拉西奥斯（Ana Milena Hernández Palacios）和克里斯多夫·佩纳斯（Christophe Penasse）在西班牙所创办的一家设计咨询公司。帕拉西奥斯和佩纳斯在室内装饰和市场营销方面有着十分丰富的经验。该机构在他们的引领下，多年来致力于为挪威、美国、德国和西班牙等多个国家的项目进行创作。

Michelberger Hotel

米赫尔伯格酒店（Michelberger Hotel）是一家独立且富有创意的精品酒店，其经营理念是打造一个舒适且安静的生活空间。该酒店酒吧内的雨伞式服务平台，能够在音乐的旋律下将美食呈现出来，这种装饰结构能够在很大程度上突出米赫尔伯格酒店特有的一种青春与活力。

MIGUEL PALMEIRO DESIGNER

米格尔帕梅洛设计公司（MIGUEL PALMEIRO DESIGNER）成立于 2010 年，它是一家位于葡萄牙波尔图的创意设计公司。多年来，米格尔帕梅洛设计公司一直在努力将策略、设计和技术融入于品牌塑造之中。在这种理念的引导下，该公司不仅为新兴企业打造了众多优秀的品牌形象，而且为当今已成名的品牌进行了大规模的理念革新。

Ministry of Design

由佘科林（Colin Seah）创立的 MOD（Ministry of Design）是一家致力于挑战传统设计理念的创意工作室，其总部位于新加坡，分公司位于北京和吉隆坡。2010 年，MOD 荣获了国际设计大奖，在颁奖典礼上，该公司则被誉为“2010 年度最佳优秀设计公司”称号。

moodley brand identity

moodley 品牌设计公司（moodley brand identity）是位于奥地利维也纳和格拉茨的一家战略型设计公司。而该公司自1999年成立以来，就一直致力于为企业和产品开发一系列具有时代意义的品牌形象。该公司的多元文化团队总共有60名成员，而伴随着队伍强大的设计实力和丰富的灵感思维，该公司的作品赢得了众多商业客户的一致好评。

Mucho

通过视觉设计来表现事物的内涵是 Mucho 设计工作室长期秉承的理念，而该工作室为了使自己的创作手法能够在革新和发展的形式下变得与众不同，一方面致力于以一颗充满激情和真诚的心来应对各种挑战，另一方面则借助设计的视觉语言来与客户分享全球性的视角。

Patrick, Norguet

帕特里克·诺尔盖（Patrick Norguet）的特点是从图形的角度来设计产品。他的设计独具诱惑与永恒的魅力，他的设计是他与制造商相遇的结果。他从环境中汲取灵感，试图创造经得起时间考验的产品。

瑞特设计公司

瑞特设计公司（Ontwerpbureau Reiters）是一家由蒂姆·雷特斯（Tim Reiters）经营的位于荷兰马斯特里赫特的设计工作室。该工作室将不同的行业和学科相混合，根据不同的预算来变换创造思维。发展品牌形象、室内设计、图形元素、标志等，每个项目都是一步一步地进行创造性的沟通和精心制作的。

Oxotel Hostel & Artisan Café

奥瑟托尔旅舍成立于2015年11月，其创始人为维斯特萨卡·苏利耶斯里（Wisitsak Suriyasri）。维斯特萨卡在生活中十分喜欢结交新的朋友，并擅长与他人分享旅行中的见闻。

Masha, Portnova

玛莎·波尔特诺娃（Masha Portnova）是一位年轻的设计师，一直在圣彼得堡和纽约两地居住。她最感兴趣的领域是网页和平面设计。她创作的作品的主要灵魂就是线条、角度、开放的颜色、明确的信息及简单的风格。

RoAndCo

RoAndCo 是一家一流的创意工作室，主要在时尚、美容、科技、生活方式等领域进行思想、关联和风格的设计。RoAndCo 工作室成立于2006年，创意总监为 Roanne Adams。RoAndCo 通过讲述品牌故事直观地表现出作品最本质的、最核心的东西。

SEINE DESIGN

今天，SEINE DESIGN 设计工作室由杰勒德·龙扎提（Gerard Ronzatti）领导，该工作室在设计界小有名气，他们对待每个设计项目（例如：漂浮类、游牧类、模拟类、两栖类、可变形或可移动的建筑）都极其仔细、认真。

Séptimo

Séptimo 设计工作室认为在各个方面质量都比数量更重要。该公司通过开发产品更深层次的用途，保持产品的真实性和透明性，从而满足客户的目标，同时也使品牌更具有激励性。该公司不断提高他们对品牌的解读，以加强他们的品牌概念和沟通策略。

Shih Bohan

施博瀚，1992出生于中国台湾新北市，是一名平面设计师。主要进行标志、视觉形象和包装等方面进行设计。他也是施博瀚设计公司的艺术总监，曾经获得过2016年亚洲最具影响力优秀设计奖、2014年中国台湾新一代设计师奖银奖。因此，他设计的作品也得到了全球媒体的广泛关注。

SILO

SILO 设计工作室结合设计、用户体验和品牌的专业知识帮助客户对他们的企业形象进行创新。该设计工作室一直致力于通过品牌、数字和空间环境的设计来提升人类的体验。多年来，他们始终在努力与大型国际公司、前景辉煌的新兴企业、文化教育机构，还有踌躇满志的建筑师和政府机关合作。

Somewhere Else Co

Somewhere Else Co 工作室越来越脱离普通路线，一直致力于创作出超越基本需求的作品。该工作室创造出独特的作品，通过不同的媒体传达自己的品牌个性，从而影响观众对品牌的印象。

Starck, Philippe

菲利普·斯塔克（Philippe Starck）是国际知名的法国设计师和建筑师。他对当代发生的巨大变化有着深刻的理解，所以他决心要改变这个世界。他尤其关注环境的含义，所以他想在他的作品中体现这一概念，这将会是另一个标志性的创作。从日常用品到大型游艇、酒店和餐馆，菲利普·斯塔克都想将其设计成奇妙、刺激或充满活力的作品。 菲利普·斯塔克和他的妻子贾斯敏，大部分的时间都是生活在飞机上或者无名之地。

studio aisslinger

设计师沃纳·艾斯林格的作品主要包括工业设计和建筑类的光谱实验或艺术方法。他喜欢利用最新的技术，为产品设计界引进新的材料和技术。“朱莉椅子”（卡佩里尼）是第一项使用新型泡沫聚氨酯整体泡沫的家具，成为自1964年以来第一个被纽约现代艺术博物馆选为永久展品的德国椅子。

Studio Dilberovic

由伊凡·迪利波罗维科（Ivan Dilberovic）经营的迪利波罗维科工作室（Studio Dilberovic），是一家克罗地亚平面设计工作室，主要面向品牌和视觉传达设计。

Studio Droog

楚格设计工作室（Studio Droog）是由芮妮·雷马克斯（Renny Ramakers）于2011年成立的设计工作室。该工作室致力于为实用的产品打造强大的品牌。工作室设计的每一件作品设计都经过彻底的思考，并且每个产品是独一无二的，都有自己独特的故事。在设计当中该工作室不仅重视每一个作品的功能，也重视其背后的故事。

Studio Überdutch

Überdutch工作室主要为客户呈现品牌理念和产品空间。该工作室拥有自己的设计团队，由室内设计师、研究人员和品牌专家组成。主要为艺术总监、设计师和项目经理提供创新的设计观点和项目。

SUPPOSE DESIGN OFFICE

SUPPOSE设计事务所是由谷尻诚和吉田爱创立的一家设计公司。主要设计房屋、商业空间、网站框架、景观、产品和艺术装置。最近设计的项目有"尾道U2""闪电安装""东芝LED照明""小湘南C/X幼儿园"。

The 6th Creative Studio

6号创意工作室（The 6th Creative Studio）融合广告思维和平面设计两个方面。自2014年以来，该工作室通过创造一系列有效的解决方案更加突出了这两方面的主题。它的创始人是艺术总监兼平面设计师埃马努埃莱·巴索（Emanuele Basso）和策略家兼评论家埃琳娜·卡雷拉（Elena Carella）。6号创意工作室源自于乔纳森·萨弗兰·福尔（Jonathan Safran Foer）短篇小说中的一个纽约地区，该工作室将这个小说中虚构的地点变成了现实。

The Parachute Hotel

降落伞酒店（The Parachute Hotel）的总部位于意大利威尼斯，该酒店主要通过创造现代的家居环境提高人们的生活水平。该酒店的床上用品和洗浴用品使用的是当今最好的埃及和土耳其长绒棉。降落伞酒店也是联合国基金会发起的"只要蚊帐计划"的品牌合作伙伴，这是一个为有需要的人提供安全睡眠的组织。

THERE

十多年来，THERE设计工作室一直在设计有重大意义和影响力的品牌、标志和环境。无论是全球性的品牌还是空间的设计，THERE工作室的员工都会结合战略性、创造力，设计和生产对每一个项目。该工作室一直秉承六个核心价值观，从而驱使、激励和保持他们的团队的注意力。

UMA/design farm

UMA/design farm是由艺术总监和设计师尤马原田于2007年创办的。到2016年，尤马原田主导并联合其他四位成员将该设计农场发展到多个领域：书籍设计、平面设计、展示设计、空间设计及总体艺术方向设计。

Patricia Urquiola

西班牙设计师和建筑师帕奇希娅·奥奇拉（Patricia Urquiola）于2001年开设的工作室，主要从事产品设计、建筑设计与施工等项目，其设计展现出现代、简约的独特风格，不乏女性化和活泼风。她的设计一贯将材料、图案和构图进行别出心裁的结合，由此来突显每个部分的作用。感性和优雅的品位使其创作流露出一种精致感，引人入胜。正是这些塑造了她动人的艺术魅力。

Volks Hotel

沃克斯酒店（Volks Hotel）深受当地人和游客欢迎，充满创意氛围。这里设有咖啡厅和联合办公区，地下室设有鸡尾酒酒吧，屋顶设有俱乐部和餐馆，还设有创意工作室，客房172间。酒店前身是报社大楼，但现在远远超过了供游客休息的功能。这里价格合理，氛围轻松，沃克斯酒店期盼每位客人的到来。

We Make GmbH

We Make GmbH工作室主营品牌、生产和创新业务，提供全方位服务。总部设在维也纳，工作室负责产品开发、举办活动和品牌推广，其创新商务战略是实现高标准的设计和品牌。"创造"一词不仅体现在公司名称里，更蕴含在其座右铭中。正是靠团队每个人的创造，推动了该工作室的成长。

Workstead

Workstead是一所设计工作室，其创办人为斯蒂芬妮·布雷克比勒（Stefanie Brechbuehler）、罗伯特·海史密斯（Robert Highsmith）和赖安·马奥尼（Ryan Mahoney）。从其在纽约布鲁克林和查尔斯的工作室可看出，Workstead着重于建筑和室内设计、灯光、家具及展览，并设计情景，营造氛围。他们突出的作品包括广受赞誉的布鲁克林威思酒店（Wythe Hotel），其设计产品还惠及美国巴尼百货商店、脸书、李维斯、谷歌、Yelp（美国最大点评网站）、鱼叉啤酒厂（Harpoon Brewery）及世界各地的私宅。

X+Living

X+Living是一家国际化，多元化的设计机构，提供规划、建筑、室内、景观、工程和设计咨询服务。"设计创造价值"这一理念从概念到执行均体现出来。拥有一支经验丰富和有创造激情的建筑师团队，X+Living的项目将多国文化及技术与建筑设计融合。

YOD design lab

YOD 设 计 实 验 室（YOD design lab） 总 部设在乌克兰基辅。回首 2004 年初创那年，创始人弗拉基米尔·内普易沃达（Volodymyr Nepyivoda）和艺术总监德米特罗·博内斯科（Dmytro Bonesko）共同努力，通过家具设计、照明和装饰、命名和图形设计为酒店及餐饮业迎来新的生命，其各类项目也深受各媒体及机构的关注。

Zarch Collaboratives

Zarch Collaboratives 成立于 1999 年，其创作重点放在建筑上，以大胆且舒适的设计角度，多学科协作，以完成空间设计。该团队的工作室文化强调开放及深入的对话。因工作会跨越不同规模和复杂程度，该工作室认为不应把预期局限在条框里。

致谢

我们要感谢所有参与本书制作的设计师及企业，如没有他们的努力与贡献，本书就不会得到广大读者的支持和认可。此外，我们也要感谢所有给予我们宝贵意见及帮助的生产商。如没有这些真知灼见的创意文化产业，本书的制作就不会如此成功。尽管他们所有人的名字在此没有被一一提及，但我们已将其信息全部列入到了本书的目录之中。最后，我们也要感谢您对我们工作长期以来的支持与鼓励。